穿搭基本法
女士时尚手账

[日] yopipi 著　徐潇晓 译

江苏人民出版社

图书在版编目（CIP）数据

穿搭基本法. 女士时尚手账 / (日) yopipi 著 ; 徐潇晓译. -- 南京 : 江苏人民出版社 , 2023.7
　ISBN 978-7-214-28177-7

　Ⅰ . ①穿… Ⅱ . ① y … ②徐… Ⅲ . ①女性 – 服饰美学
Ⅳ . ① TS941.11

中国国家版本馆 CIP 数据核字 (2023) 第 102133 号

江苏省版权局著作权合同登记号：图字10-2023-97 号

OTONA JOSHI NO TAME NO GOKUJO PUCHIPURA KODE 1 YEAR
Copyright © yopipi 2020
Chinese translation rights in simplified characters arranged with
NIHONBUNGEISHA Co., Ltd.
through Japan UNI Agency, Inc., Tokyo and Bardon Chinese Media Agency

书　　　　名	穿搭基本法　女士时尚手账
著　　　者	[日] yopipi
译　　　者	徐潇晓
项 目 策 划	凤凰空间／罗远鹏
责 任 编 辑	刘 焱
出 版 发 行	江苏人民出版社
出版社地址	南京市湖南路1号A楼，邮编：210009
总 经 销	天津凤凰空间文化传媒有限公司
总 经 销 网 址	http://www.ifengspace.cn
印　　　刷	河北京平诚乾印刷有限公司
开　　　本	889 mm×1194 mm　1/32
字　　　数	100 000
印　　　张	4
版　　　次	2023年7月第1版　2023年7月第1次印刷
标 准 书 号	ISBN 978-7-214-28177-7
定　　　价	59.80元

（江苏人民出版社图书凡印装错误可向承印厂调换）

前言

大家好，我是 yopipi

我是一名生活在日本关西的插画师，平时会在 Instagram（社交平台）上分享一些关于服饰、美容和育儿的内容。

自从 2015 年有了孩子后，爱打扮的我不能像以前那样臭美了，那段日子里我整个人都很消沉。这种情绪在孩子 4 个月左右的时候到达了顶点，想要打扮的心情难以抑制。但是作为一名正在哺乳期的母亲实在很难实现"时尚自由"，哺乳期不能穿高跟鞋，包包里也乱作一团，穿连衣裙也很不方便。

有时候在街上看到打扮漂亮的女孩子我会很兴奋，因为我平时无暇打扮自己，所以一旦看到走在时尚前沿的人，我就会被瞬间激活，从心底涌出一股力量。不知不觉间，我开始想把这种激动的心情用画笔记录下来。一件漂亮的针织衫、某个女孩子漂亮的穿搭……我想把这份心动和女性朋友们分享，于是我开始在 Instagram 上分享我的画。描绘想要的衣服、想尝试的搭配，也满足了我对时尚的渴望。

就这样渐渐地，我在 Instagram 上居然有了上万名的关注者！其中我最喜欢的平价品牌穿搭分享得到了大家的喜爱。

"我也要去买这件！""同款，这件真的很好穿！"大家的留言也给了我继续画下去的动力。

我曾经是一名电商美妆频道的策划，本就喜欢美妆和网购的我，在买到好东西时也会迫不及待地与人分享。以做 Instagram 为契机，我也在做插画师的工作，就这样每天在育儿和工作中忙碌着，此次更是有幸可以出版以穿搭和美妆为主题的插画集。

是平价品牌拯救了产后的我

产后没有精力打扮的我也曾有购物欲爆棚的时候。

我家附近有一家平价品牌店，那里对带孩子的妈妈们非常友好——推着婴儿车也可以放松逛街，衣服也有适合产后身材的尺码，即使对时尚不敏感的人也能在这里买到合适的流行款式。

在"妈妈友"※的圈子中对这类品牌有很多好评的原因在于，即使衣服被孩子弄脏了也不会太心疼。同为妈妈的朋友对我说，对那时的她来说，平价品牌店给了她很大帮助。

大部分产后妈妈想打扮自己的时候都会先从平价品牌入手，这样不管是骑车，陪孩子在公园玩沙子，还是追着孩子跑，妈妈们都可以毫无顾忌地穿漂亮衣服，只是这样就足以给妈妈们带来巨大的满足感了。

穿搭这件事，不用非得买昂贵的服装，对时尚不敏感也没关系。我觉得穿搭应该是自由的，只要穿得开心，那就是好的，这也是我想通过这本书传达给读者的理念。

※ 日本许多女性婚后成为全职主妇，日常社交也集中在主妇圈子，因此形成的以主妇为主的社交圈被称为"妈妈友"。

珍惜心中所爱

对时尚的定义因人而异，有为成为理想中的自己而追求时尚的人，也有为受异性欢迎而追求时尚的人，还有单纯乐于在穿着打扮上花心思的人。不管初衷为何，追求时尚都是个人的自由。人的一生中会遇到很多事情，对待时尚的态度也会改变，也许现在适合自己的或是自己喜欢的会随着时间而发生改变，但同时也会有无法舍弃的喜好。现在的我觉得，自己喜欢的才是最重要的。

为自己高兴，所以打扮自己，让自己变得更漂亮。

在如今这个信息泛滥的时代，不管是服饰还是美妆的流行款都多到让人眼花缭乱，不知如何取舍。人们疲于思考什么样的搭配是适合自己的，即使想追寻那不知是否存在的正确答案，大概也会被崎岖的前路劝退。

我想正因为如此，正视自己的喜好才会如此重要。

喜欢的衣服不一定就是贵的，平价品牌也能打造出好的搭配，找到自己真正的所爱之物，生活才能充满乐趣。

如果我的画里有你喜欢的衣服，能让你看得开心，我会感到十分荣幸。换季的时候或早晨出门的时候，如果你不知道该穿什么，就请翻开我的书找找灵感吧！

yopipi

目录

Spring 春季

一年之计在于春，新一年的开始！

Summer 夏季

夏天，尽情释放自我

Autumn 秋季

充满幸福感的秋天

Winter 冬季

冬天，认真聆听内心的声音

成熟的基础款穿搭分享

变美的心情

我在追求时尚、考虑穿搭时意识到的四件事

1. 别犹豫，勇于改变

我喜欢根据自己当天的心情、当下要做的事来选择那天的穿衣风格。虽然我非常喜欢简洁轻便的衣服，但偶尔尝试女人味的穿搭风格也不错，有时候还会刻意按某种风格选择衣服。有自己喜欢的风格很好，但能根据场合选择合适的衣服也不错。

极简风并不代表不时尚，不要被自己的风格裹挟，多多尝试不同风格吧！

2. 取悦自己很重要，我就是我的正确答案

很多女性朋友提及"时尚"就很紧张，有的觉得自己的衣服是以前流行的，现在已经过时了，有的觉得自己已经是三十岁的人了，不能穿带有褶皱花边或者缎带元素的衣服，甚至觉得年龄大了就不能穿短裙等。

大家不妨放轻松点。

究竟什么才是时尚呢？确实，随着年龄和阅历的增长，有些穿衣风格不再适合自己，穿不适合自己的衣服总会有些奇怪。但很多追求时尚的人不想活在他人的眼光里（当然，根据场合选择合适的着装也是一种礼貌）。要想不受他人影响，首先要做的就是不对他人的穿着评头论足，不用自己的价值观去评价他人，要包容他人的选择。这样也能更好地穿出自己觉得舒适的衣服，选择自己喜欢的搭配，按照自己的喜好打扮自己。

生活中也有必须在意他人眼光的情况，比如想要吸引意中人的注意，职场上想表现出自己干练的一面，在"妈妈友"里想维持良好的关系等。遇到这种必须考虑他人眼光的情况时请先问问自己："我能接受这样做吗？这样做我会开心吗？"

3. 相信自己，接受自己

女孩子把自己往可爱的风格打扮，却总会有人出来攻击她们。

仔细想想这很奇怪，不是吗？

我总对儿子说"你好可爱"，想让他能在感受到爱的环境中成长。如果生的是个女儿，我也想让她知道自己是个可爱的女孩子。认可自己难道不是理所当然的事情吗？认可自己难道不是一件好事吗？

能够接纳自己的人，面对生活会更加自信，可以更从容地接受成功与失败。在生活中不断尝试各种服饰和妆容，挑战不同的穿搭风格，快乐也会成倍增长。

学会爱自己、接受自己，才能在时尚的道路上越走越远。

4. 心态平和，不与他人比较

生活中总会有不想打扮的日子。像是早上起来觉得今天没精神，没心情琢磨穿搭，就会一直穿同一条连衣裙，不想化妆时就戴口罩出门，还有忙于带孩子，或是工作繁忙、身体不舒服的时候更是如此。

时尚千变万化，生活、工作中更是会有各种各样的情况发生，感到难以下手的时候也不要责备自己。责备自己的同时也是在贬低他人、否定他人，自己也会变得更加刻薄。

有些女性杂志会讽刺带孩子的妈妈们连去个公园都打扮得花枝招展，我想这是一种"吃不着葡萄说葡萄酸"的心态吧。

在穿搭方面感到力不从心的时候先别急着从对方身上找问题，先问问自己是怎么想的。急于否定他人对时尚的态度，也会束缚自己追求时尚的脚步。

我们不用和别人比较，只要关注自己是不是比以前漂亮，是不是在以自己的方式享受快乐，有没有达到自己美丽的状态就足够了。不与他人比较，以平和的心态面对生活，专注于自己喜欢的事物，这就是我理想的生活观。

穿搭法则 2

通过画画发现 yopipi
的美丽法则

1. 整体感：带有"心机"的妩媚

比起性感，我更喜欢小女人的妩媚。

不管是中性风的穿搭，还是淑女风的穿搭，我都喜欢稍微露出手腕和脚踝的衣服，穿上很有女人味，有一种超越性感的美。让成熟女性望而却步的夸张褶皱、缀满蕾丝的衣服，或是让人眼前一亮的夸张颜色的衣服，反而是我喜欢的，这样才能穿出自己的特色。

2. 妆造：妆容、发型、首饰要和衣服风格统一

穿着简单就更适合用饰品修饰，素净的白色衣服更衬大红色的口红，中性风的穿搭适合复古盘发。像这样根据衣服搭配妆容、发型、首饰，也是时尚的乐趣呢！

3. 平衡感：张弛有度的穿搭法则

如果上衣比较宽松，下装最好穿紧身裤；上衣要是修身款，下装则选择宽松点的服装，凸显整体气质。总之选择穿搭时要保证整体平衡感。

4. 色彩搭配：全身不要超过三种颜色

衣服的颜色非常重要，不同的色彩搭配能体现出不同的气质，所以要认真考虑自己想要表达怎样的感觉、喜欢什么风格。

搭配时为维持色彩平衡，我建议全身尽量不要超过三种颜色。有时候我会先选出今天的主色调，然后再想搭配什么款式的服装。

包包、鞋子等小物件也是搭配的重点，我常用鲜艳或饱和度较高的颜色作为点缀，想表现得有气场的时候也会大胆选择撞色。

选择穿搭的时候认真和自己的内心沟通，并享受穿搭的乐趣吧！

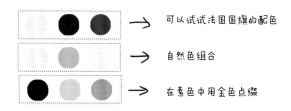

可以试试法国国旗的配色

自然色组合

在素色中用金色点缀

5. 万能的基础款：经济实惠的搭配

"斜肩上衣、紧身皮裙、高跟豹纹鞋"这样的搭配在外国街拍中很常见，但这样夸张的风格日常很难驾驭，所以我还是更喜欢简单的基础款搭配。

如果全身都是大牌就有些缺乏生活感，而且这样的单品也不够百搭，简单的基础款才是我钟爱的。

当然，为了能尽情享受穿搭的乐趣，当季流行的款式我也会入手。

6. 挑战精神：像角色扮演一样尝试不同的风格

　　突然要脱离自己的日常风格，可能很容易将款式选得雷同，颜色也会变得千篇一律，这时我们可以试着从时尚电影、电视剧中汲取灵感。比如安妮·海瑟薇在电影《穿普拉达的女王》中穿的大衣很漂亮，某些电视剧中女演员穿的通勤装让人难以忘怀，这些能瞬间俘获人心的搭配可以留心关注一下。

　　"如果是自己喜欢的偶像，那么她会怎么穿呢？"这样边想象边寻找款式相同又经济实惠的衣服，像是在玩角色扮演一样，很有趣。这个过程让人十分满足，还可以调动自己对生活的积极性。

名媛风连衣裙

Spring

春季

一年之计在于春，新一年的开始！

　　春天总是想尝试新的造型，比如换个发型，或尝试不同品牌的化妆品等。

　　春天是一年的开始，要以崭新的面貌迎接新的一年。

　　新造型能给人带来新鲜感，只是改变一下衣服和妆容就可以发现一个全新的自己，不自觉间情绪便高涨起来。

　　春天就是这样让人激动不已的季节，来尽情享受春日，去邂逅全新的自己吧！

我的春季衣橱

01
条纹衫
简约舒适的条纹衫是百搭必备的基础款。

05
白衬衫
白色和条纹的衬衫给人感觉很清爽，一看就有一种春天来了的感觉。褶边和荷叶边的设计增添了甜美感，现在市面上有许多这样的款式，强烈推荐。

08
蕾丝
春天太适合穿优雅精致的蕾丝了！我的春装里有许多蕾丝内衣和裙子。

06
07
夹克
帅气的夹克是换季时必不可少的单品，皮夹克或牛仔服在穿搭时也很实用。

03
02
帽衫
在家穿或出门穿都很合适，方便百搭。

蓝色牛仔裤
春季穿搭中自带清爽质感的蓝色牛仔裤很显瘦，特别推荐长度到脚踝的九分裤。牛仔裙穿起来舒服又甜美，也是强烈推荐的单品。

大摆裙
春天，裙摆较大的长裙登场，选颜色是让人开心的事！图中的裙子选择的是那一年的流行色，紧跟时尚潮流。

包包
新一年的开始，当然是要有一个实用的包包啦。基础色的皮革包，非常搭春装。

鞋子
春天正是踏青的好时节，赶快将运动鞋、芭蕾鞋等平底鞋穿起来。我喜欢显脚长、视觉上又显高的平底鞋，很多平价品牌都有这样漂亮的平底鞋。另外，凉拖穿起来也很舒服。

丝巾
色彩丰富的丝巾可以给整体搭配增添一抹色彩，粉色、薄荷绿、薰衣草紫等温柔的颜色看了就让人觉得春意盎然，不用的时候绕在包包上也可作为一种装饰。

粉色单品
春天有很多粉色单品，成熟女性也可以借此搭配出恰到好处的可爱感。

<u>04</u>

01 万能百搭款：条纹衫

条纹衫本身自带时尚属性，和什么样的下装都能搭得上，可以说是简洁穿搭中的万能百搭款。

简洁风格的衣服可以搭配夸张的饰品以给人冲击感

和自然风的包包也很搭

小技巧
条纹衫穿搭
自然而然地散发出女人味

下身搭配的虽然是休闲款，但是露出的手腕和脚踝透露出一丝女人味，仿佛优雅的巴黎女人，令人心动。

条纹衫
+
九分裤
+
帆布鞋

宽松的上衣搭配修身九分裤，简单又时尚

整个人看起来女人味十足。简洁的穿搭配上亮色系的妆容，

亮红色的口红

万能百搭的条纹衫穿搭

条纹衫的搭配乐趣在于，搭配裙子或裤子可以变化出不同的风格。今天要选哪一种好呢？

| 条纹衫与背带裙 | 条纹衫与大摆裙 | 条纹衫与休闲裤 |

穿一字领的衣服时我喜欢把头发扎起来露出脖子

搭配时尚的水桶包

春季

活泼可爱的小白鞋

简约成熟风

这套搭配的亮点在于背带裙的腰带和双肩包的颜色，整体造型为简约成熟风。

温柔的邻家大姐姐

一字领的条纹T恤搭配春天色系的裙子，打造优雅的通勤穿搭。

舒服少年感穿搭

白色、棕色、浅蓝色的清爽配色打造清新的少年感。

02 随风飘逸的裙摆：大摆裙

春天穿上飘逸的长裙，散发出女性独特的柔美感。裙摆随着步伐摇曳，让人心情畅快。

上衣袖口和下摆的设计增添了女人味

大摆裙　　百褶裙　　蛋糕裙

颜色上统一，都是棕色系

有设计感的上衣
+
大摆裙
+
小白鞋

小技巧
大摆裙穿搭

避免孩子气

全身的搭配比较淑女，所以鞋进的是运动鞋，这样整体效果看起来比较和谐，有亲切感。

我私下会注意避免穿着太过幼稚，而这种宽松版型的上衣或设计感较强的上衣穿起来显得成熟、从容。

和朋友聚会穿

通勤
也能穿

选择这条裙子

长款百褶裙

摇曳的裙摆尽显成熟
优雅，颜色的选择也
非常丰富。

腰间的蝴蝶
结衬托出身
体曲线

适合各种
场合的搭配

大摆裙的
不同搭配

和闺蜜
逛街穿

约会穿

大胆的设计，
非常时尚

艳丽的穿搭令人心情愉悦

我非常喜欢用诸多跳色来搭配
服装。强烈推荐颜色鲜艳、张
扬的裙子，在人群中格外亮眼。
红色、藏青色、白色……穿上
你就是人群中闪亮的星！

春季

Spring 03 换季实用穿搭的秘诀：帽衫叠穿

春天多是早晚凉、中午热的天气，叠穿一件帽衫方便根据体感温度随时调整。

长袖帽衫

宽松的款式穿着很舒服，帽衫和条纹衬衫的叠穿效果更好

灰色帽衫
+
条纹衬衫
+
白色九分裤

打褶的九分裤穿上显得利落干练，体现帅气能干的风格

脚蹬黑色高跟鞋，打造成熟干练风

小技巧 帽衫穿搭

只需一点点巧思就够了

帽衫看上去非常休闲，但其实只要色彩合适、搭配得当，通勤穿也没有问题。

经典的帽衫叠穿法则

014

百搭帽衫

帽衫的各种穿法

帽衫不仅能搭半身裙,搭连衣裙也不错。其实不管什么衣服,帽衫都能轻松搭配,所以我的穿搭里简直离不开帽衫!

搭配百褶裙

薄荷绿色帽衫
+
白色百褶裙
+
打底裤和运动鞋

上装偏休闲,下装就走优雅路线,这样的搭配也很不错哦

经典帽衫和九分裤

简单的休闲风

白色外套一点都不幼稚,强烈推荐

搭配牛仔裤

白色帽衫
+
条纹T恤
+
九分裤

露出脚踝更有女人味

搭配连衣裙

帽衫搭配连衣裙,穿出居家休闲风

灰色帽衫
+
黄色纯棉连衣裙
+
玛丽珍鞋

大色块的连衣裙让人眼前一亮,和灰色的帽衫搭在一起十分舒服

Spring 04 恰到好处的可爱：属于成熟女性的粉色单品

有些女性朋友对粉色敬而远之，其实小面积使用粉色还是不错的选择，而且就算是整体都用粉色也可以搭配得很好看哦！

适合成熟女性的粉色

灰粉或带些咖调的粉色等色系都能衬托成熟女人的韵味。

粉色系配色，成熟女人也可以尝试这样的颜色！快来完成华丽的春日穿搭吧

搭配裤子

浅粉色的套头衫
+
白色锥形裤
+
高跟鞋

搭配裙子

紫调的玫红色非常有高级感，搭配V领开衫，展现淑女气质

锥形裤和成熟简约的高跟鞋很好地中和了粉色的甜美

为了不使粉色显得过于甜腻，妆容和发型越简单越好

搭配皮包显得更有高级感

016

优雅的粉色穿搭

粉色也有淡粉色、深粉色的区别，粉色不仅可以甜美，还可以很帅气，下面我们来看看这些优雅的粉色穿搭吧！

还有休闲风的哦

温柔的珊瑚粉

珊瑚粉是非常温柔的颜色，可以试试搭配阔腿裤或其他略带中性风的衣服。

第一次尝试粉色的话也可以试试这样搭配

偶尔也尝试一下可爱风

一开始可以小范围使用粉色作为点缀

有些人对粉色比较抵触，那么可以先尝试粉色的配饰，这样就不用担心搭配不好啦。

温柔色系的搭配

薰衣草紫和粉色这种温柔的颜色搭配在一起，很有春天的感觉。像是一位春日里的大家闺秀，将成熟可爱的气质表现得恰到好处！

05 高级感必备单品：白衬衫

喜欢简洁风的人必不可少的单品——白衬衫。白衬衫不仅能显得干净整洁，同时还能显得皮肤白皙，是非常好搭配的单品。

白衬衫的
不同穿法

只需一件白衬衫
就可以有诸多搭配

小立领白衬衫

超爱这件特大号的白衬衫

散发出女性的优雅气质

露出脖子的白衬衫搭配高跟鞋，

不落俗套的经典搭配！

白衬衫
+
直筒牛仔裤
+
高跟鞋

干练的白衬衫搭配运动鞋就是休闲风

特大号的白衬衫
+
紧身牛仔裤
+
运动鞋

搭配裙子

蕾丝裙

推荐这款

蕾丝裙在每一季都是爆款，精致的蕾丝能展现出成熟女性的独特气质。

宽松的白衬衫扎进裙子里，打造职场女强人

白色、海军蓝、红色，是经典配色，也是我超爱的配色

搭配复古风摆裙较大的裙子

春季

每天不重复的白衬衫穿搭

搭配透明材质的包包，或者搭配凉鞋，更有高级感

帅气的常规搭配

搭配裤子

搭配黑色牛仔裤，帅气十足

休闲风的阔腿裤

垂感很好的针织阔腿裤搭配白衬衫，穿出职场休闲风。

019

Spring 06 成熟女人的从容不迫：帅气的夹克

牛仔外套
+
条纹 T 恤
+
瘦腿裤

牛仔外套和机车夹克在外套的款式中是比较帅气利落的，搭配出潮酷女孩的高级感，又甜又帅就是你了！

机车夹克
+
碎花裙
+
凉拖

百搭的牛仔外套可以说是休闲风的必备单品

换季必备的黑色机车夹克

牛仔外套搭配黑色瘦腿裤
打造法式休闲风

机车夹克搭配碎花裙
打造甜辣风

围上蓝色围巾，显得皮肤白皙

搭配裙子

推荐这款

直筒纽扣裙

帅气的外套搭配柔美感十足的裙子，产生反差美。

选择基础款的内搭和裤子，上班通勤也可以穿

帅气外套的
各种搭配

把外套直接披在肩上，不仅能提升时尚感，还能修饰身材

红色的手拿包提高整体穿搭效果

搭配裤子

阔腿裤，成熟休闲风

搭配经典的浅咖色阔腿裤，并将内搭扎进裤子里，瞬间提高了整体的效果。露出手臂和脚背，也显得更高级、更有女人味。

021

简洁的辣妹混搭风

有时候会觉得，好像一直穿得都差不多，似乎少点什么……
这时候可以试试反向搭配，就是把各种元素混搭在一起的混搭风！
女人味混搭中性风，优雅混搭运动风，朴素混搭精致……
混搭的乐趣在于，一套穿搭中混杂着一点不风格的同时，还能保持整体的平衡感。

甜美的关键

碎花裙

碎花裙简直太可爱了！只是一条碎花裙就能穿出甜美少女感，冷色系的颜色也显得人成熟稳重。

帅气的关键

机车夹克

将机车夹克搭在肩上，增添了一股帅气，很好地中和了碎花裙的甜美感。

中性的浅咖色外套，不管是上班还是约会穿，都很合适

小白鞋简直是穿搭中的万能款

再来看看其他混搭

搭配饰品尽显夸张气质

登山外套是甜美的冰淇淋色

穿着白色凉鞋，走起路来很舒服

春季

基础款连衣裙
+
运动风凉鞋

混搭新手可以先从鞋子开始尝试，在自己平时的穿搭中搭配一双带些帅气感的鞋子，就能轻松完成一套混搭风的搭配啦。

蛋糕裙
+
登山外套

蛋糕裙和带蕾丝花边的芭蕾鞋都是甜美风格的必备元素，搭配帅气的登山外套也是不错的选择哦。

蕾丝透视装
+
黑色直筒裤

让我们来挑战一下更大胆的搭配，朦朦胧胧的黑色透视上衣搭配黑色直筒裤，中和了款式的甜美感。

023

Spring 08 女生的"小心机"：蕾丝营造氛围感

我一直很喜欢有蕾丝花边的内搭，叠穿的时候露出一点花边简直不要太好看。搭配时只是增加些许蕾丝元素就可以轻松提升女性魅力值哦！

精致的蕾丝花纹和成熟女性相得益彰，搭配起来十分凸显气质

我喜欢这样穿

☑ 深领开衫

☑ 白衬衫和牛仔裤，青春感十足

☑ 配上一抹红唇，就可以美美地去约会啦

推荐这款

V 领蕾丝内搭

这款精致的蕾丝内搭，衬托成熟女性的气质。

不同搭配
带来的乐趣

叠穿的不同搭配

将蕾丝内搭和上衣换个颜色就可以有不同效果，但也要注意整体色彩的平衡感哦！

米色、黑色

要点

束腰上衣
+
蕾丝内搭
+
九分牛仔裤

束腰上衣能够凸显腰线，同时还能修饰身材比例。上半身的穿着已经足够显眼了，所以下半身搭配牛仔裤中和一下

白色、白色

套头连衣裙
+
蕾丝内搭
+
瘦腿牛仔裤

白色连衣裙搭配白色蕾丝内搭，清清爽爽，再加上蓝色修身牛仔裤，打造清纯的春日穿搭

藏蓝色、白色

泡泡袖衬衫
+
蕾丝内搭
+
高腰裤

少女感满满的泡泡袖衬衫，颜色是成熟的藏蓝色。由于上衣是冷色系，所以裤子选择可爱的浅粉色

春季

美丽日记1

若能画得更好一些的话

我最喜欢画的就是女孩子，每天都可以随心所欲地画可爱的女孩子，太开心了。

哈哈哈哈，好可爱啊，嘿嘿嘿。

对能画出让我心满意足的女生形象简直到了痴迷的程度。

仅仅一厘米的差别也要只着只美

不满意

女孩子应该是更加优雅、性感的，服装也要更可爱。

人物五官的比例、角度不同，即使是一厘米也会有微妙的变化。

虽然两者眼睛的形状一样，但是另角度有一厘米的不同就会显得左侧人物更加硬朗帅气。

画中人物给人的印象瞬间就不一样了。

就这样一点一点抠每幅画的细节，如调整睫毛浓密程度啊，眼睛再画长一厘米啊，再开个眼角啊，人物的颜值瞬间就不一样了。

有没有更美了！！！

哇！

我十分享受这样不断修改画稿直到满意为止的绘画过程，看到让自己满意的作品时，那种难以言喻的满足感让人欲罢不能。

（可能会画画的人更能理解这种感受，大家能感受得到吗？）

灵光一闪

已经画得头脑混乱了。

现实中的人也可以通过化妆改善自己外表的缺点，变得更漂亮。

慢慢地，在画画的过程中我产生了这样的想法。

我欣赏那些高度肯定自己、接纳自己、喜欢自己的人，同时对别人也很温柔。

超可爱~

比如我的朋友小A

不过人真的可以通过化妆来打造适合自己的妆容，从而掩盖自己的短处，提升整体颜值哦。

素颜根本不敢出门，哈哈哈

小A好可爱

小A通过贴假睫毛微调眼睛的长度，视觉上打造出下垂眼的效果，拉长眼型。

春季

我觉得像这样懂得用自己的方式自我展示的女孩子真是很帅了。

玩笑归玩笑，其实我很欣赏这样的人，他们能够认真观察自己，能够根据自己的容貌特点打造适合自己的妆容。这样的妆容和她们的五官、温柔的性格以及声音完美融合在一起，真的有很大的变化！

无需和别人比较，只要此刻的自己是漂亮的就足够了。

妈妈的指甲油真好看

所以我也本着"比昨天的自己更漂亮"的心态，每天都满怀憧憬地认真梳妆打扮。能够保持积极向上的心态也是变美的关键。愿每个人都能心怀对自己的肯定，愉快地度过每一天。

美丽日记2

那些可以提升颜值的真爱底妆

　　我觉得喜欢化妆没什么不好的，如果通过化妆可以让你更自信，能够认可自己、接纳自己，那有什么不可以的呢？

　　下面就和大家分享一下我爱用的底妆，这些化妆品在我脸上确实起到了提高颜值的作用，也被我戏称为"魔法彩妆"！

完美肌肤必备

无色透明蜜粉饼

哇！我的脸在发光？
我最爱的水光肌

　　大家觉得什么样的皮肤算是好皮肤呢？我心目中理想的皮肤状况应该要有一定通透感，肤色白皙亮丽，没有明显油光，看不到毛孔和色斑。若想达到这样的效果可以尝试使用无色透明的蜜粉饼，使用过后会有很大的帮助！

我特别喜欢女孩子脸颊上的光泽感

看到了吗？
简直像打了
高光一样的
光泽感！

防晒 + 提亮
清透水漾防晒乳

　　要选择有清透感的防晒隔离乳。一天下来皮肤依然清爽干净，上脸还有提升肤质的效果，自己照镜子都不舍得转移目光。

推荐给想改善脸色的姐妹

脆弱的敏感肌肤也可以放心使用

温和无刺激的护肤精华油
添加精纯角鲨烷

　　添加纯度高达 99.9% 角鲨烷的护肤精油，对肌肤温和不刺激，敏感期、孕期也能放心使用，肤感也非常好，是我的多年回购款。

温和护肤系列！
yopipi 的护肤品爱用分享

　　想要变漂亮，想要改变自己的时候，这些护肤品帮我改善了肤质。皮肤状态好了，心情都更好了，让我们一起变美吧！

改善毛孔粗大的问题请选它

有效改善肌肤问题
选对面部精华

　　坚持用完精华的时候，朋友见了我都嫉妒得说："yopipi，你的斑都变淡了哎！"哈哈哈，护肤品中值得投资的护肤品就是精华了啊！好用的精华真让我的皮肤状态得到明显改善。

美丽日记 3

打造精美妆容，爱用彩妆分享

彩妆可以帮助我快速修饰脸上的缺陷，改变个人形象，提升颜值，无限趋近心目中理想的自己！下面和大家分享一下我的彩妆爱用物。

口红

带金闪的棕调紫色

涂上这个颜色的口红，瞬间让整个人白了一个度，是一个很好看的颜色！棕调紫非常显白，衬得皮肤质感也很好！

上脸是那种有女人味又带一丝丝性感的颜色

口红色号选择

面对一大排口红色号都挑花眼了吧，遇到这种问题的时候，选择和下唇内侧接近的颜色通常不会出错哦。

百试不厌的小办法

看这里，对比自己下唇内侧肤色

口红也可以改善皮肤状态哦

春季

推荐颜色

自然色系腮红
可可爱爱

清透自然的眼妆

经典的蜜桃色，自带金色细闪，既能提亮肤色，又有一定的高光效果！

颜色搭配合理，轻松打造渐变眼妆，消除肿眼泡。

炯炯有神的大眼睛

打造深邃眼妆

刚开始尝试深色眼影的时候可以试试从这条线开始（黑眼球外侧），从眼球外侧开始晕染更有消肿的效果，显得眼睛更深邃。

从眼球外侧开始晕染

Summer

夏季

夏天，尽情
释放自我

　　夏天，衣着上会有些更加大胆的选择，想尝试更清凉的款式。比如以简单的 T 恤彰显青春活力；使用不同的颜色或剪裁方式展现不同的风格；利用稍微有些裸露的设计透露出一点小心机等。

　　夏天就是这样让人充满冒险精神，想要挑战更多不同风格的搭配。

　　放轻松，尽量用绚丽的色彩去描绘夏天吧，简洁又好看的搭配还有很多呢！

　　不必刻意迎合别人的审美，随心搭配，用自己的穿搭绽放女性的光芒。

我的夏季衣橱

03

T恤
适合夏天的穿搭肯定是T恤啊！平价品牌店里有很多性价比颇高的彩色T恤，不管买了多少件都觉得不够穿。

01

05

无袖透视装
蕾丝透视装稍微露出肩膀和后背的设计，看上去有些小性感。

连衣裙和连体服
因为是连体的，所以穿上一件就可以出门了，不需要考虑搭配，简单省事。

08

06

阔腿裤
我很喜欢腰间有蝴蝶结或是腰带设计的中腰或高腰裤。在平价品牌店中能找到很多这样的版型，有的还带有一些俏皮可爱的设计，我非常喜欢。

04

收腰长裙
在夏日烈阳下，各种花色的收腰长裙不管是通勤还是日常生活都很适合。

包包

夏日感满满的草编包看着就很清爽，兼具时尚感的款式设计让人忍不住想要购买！

鞋子

一些平价品牌店每年夏天都会推出新的凉拖和坡跟鞋，材质大多选的是适合夏天的草编鞋或是软皮凉鞋等，款式非常丰富。

丝巾、帽子和雨具

帽子作为防晒单品也是夏日穿搭的一部分，选择和服装相称的帽子也是一份乐趣。丝巾在夏天不是系在脖子上而是系在包包上的，还可以作为腰带系在腰间作为装饰。

02

海军风

蓝白色调的海军风服装看着就很适合夏天！除了经典的条纹上衣，还可以搭帽子试试看哦！

07

夏季

Summer 01 炎炎夏日的时尚救星：连衣裙

精致女孩在炎炎夏日真是太不容易了，还好我们有连衣裙！一条裙子就可以完成搭配，简直太好了。只要有连衣裙，我们就可以度过一个愉快而美丽的夏天啦！

T恤款连衣裙

正因为设计简洁，所以才更能凸显慵懒感，穿上真的十分好看♥

凉拖既慵懒又很凉快

草编包包和系带凉鞋，打造清爽的度假风

多层连衣裙

小技巧 连衣裙的搭配

通过颜色和材质体现风格

连衣裙太宽松的话会显得邋遢，所以还是选合身一些的比较好。材质上注意选择舒服的质地。若想尝试有一些设计感的衣服，推荐选择较为雅致的颜色。

休闲风

简单的T恤款连衣裙让你瞬间就能换好衣服出门，简直是懒女孩的"救星"啊

淑女风

连衣裙不仅满足了成熟女性的少女心，还能凸显身材曲线，穿对连衣裙秒变电视剧女主角

我的夏日连衣裙分享

能穿自己喜欢的连衣裙，心情都会特别好！今天要穿哪一件呢？

衬衫裙

衬衫裙偏正式，也更加整洁利落，蓝色等冷色系的裙子在夏天看着会更清爽！

这些设计深得我心

- ☑ V 领和大裙摆的设计提升整体时尚感
- ☑ 掐腰的设计上身很显瘦
- ☑ 搭配尖头皮鞋十分和谐

针织连衣裙

夏天选择针织连衣裙，不仅有特点，还很漂亮！

系带连衣裙很显瘦，看着心情就好

在腰间比较瘦的地方用丝带系一个蝴蝶结会更显纤细

我超崇拜这种聪明能干的女性

自然色系的清爽白色连衣裙

系扣连衣裙

系扣连衣裙自然随性，配黑色紧身裤再合适不过了。

这些设计深得我心

- ☑ 棉或亚麻是比较适合夏季的面料
- ☑ 自然色系的搭配更具沉稳感
- ☑ 露出脚踝的瘦腿裤非常知性

针织连衣裙

夏天选择针织连衣裙不仅很有特点而且还很漂亮！

经典的白色连衣裙是我永远的爱

草编包和棉麻等材质的鞋很有夏天感

夏季

Summer

02

湿漉漉的阴雨天更要心情晴朗，梅雨季也可以打扮得漂漂亮亮

阴沉的梅雨季，人的情绪难免低落，但只要在穿搭上花点小心思，就能拥有雨天独特的清爽穿搭！

小技巧
雨天穿搭

雨天也可以穿白色，
用饱和度较高的色彩点亮沉闷心情

雨天反而应该穿白色或者饱和度较高的颜色，鲜艳的色彩可以缓解因为下雨而低落的情绪。九分裤的长度不用太担心溅上泥点，很多平价品牌也有可机洗的款式，这样就可以开心地在雨天玩耍啦！

上衣的设计着一丝性感
领口设计小
口带小

有设计感的上衣
+
九分裤
+
防水鞋

高饱和度的指甲油

用充满个性的指甲油颜色和活泼的色彩点亮夏天好心情

九分裤在雨天也能打造出轻便的休闲风格

日常也可以穿的防水鞋，舒服搭配

038

如果颜色够深那以活泼一点吧

衣服已经具沉，可艳色开心

的足，那以让一服经鲜颜

如果颜用的暗雨色用的自己

穿方时可丁靴很平也都如脱便出门以穿

配饰带来的美丽好心情

极简风 + 色彩鲜艳的雨伞

酷酷的灰黑配色，加上高饱和度较高的彩色雨伞，点亮好心情！

九分裤
+
设计感上衣
+
防水鞋

亮眼配色穿搭，阴雨绵绵也能收获好心情

夏季

夸张的耳饰和发带是小心机

还可以和孩子一起穿波点亲子装

波点衬衫
+
直筒牛仔裤
+
凉鞋

复古波点衬衫，让心情跳跃起来吧

波点衫 + 牛仔裤

波点衬衫和牛仔裤搭配出清爽的复古风，在夏天穿短袖衬衫也很凉快。

03 自然休闲风的真谛：T恤

衣柜里永远少一件T恤，T恤就是夏天的必备上衣！正因为T恤太常见了，所以挑选的时候更要注意版型和质感※。

平价品牌店的经典款T恤，每年都有许多颜色可供挑选

小技巧
T恤穿搭

厚实的T恤质感更好

非常百搭的T恤

圆领T恤

T恤的穿搭可以凸显穿衣品味，T恤的质感、薄厚、版型都很关键，一定要选择适合自己的。平价品牌店里有很多评价很好的T恤，要是看到可以考虑一下哦。

穿纯色T恤时，我比较推荐搭配亮晶晶的饰品来点缀

衣服已经极简风了，包包可以选择更有设计感的，比如豹纹或者蛇皮材质的包包

基础款T恤	白T恤
+	+
九分裤	紧身裙
+	+
单鞋	凉鞋

丝光棉（冰丝棉）T恤

休闲风

淑女风

经典的休闲风！搭配的鞋子露出脚踝更好看

直排扣的半身裙上身很显瘦，搭配凉鞋后提升了整体的时尚气质

※ 更多白T恤搭配请见本书第104页。

高级感T恤穿搭

打破常规穿搭，穿出自我风采

因为平时经常穿T恤，所以不想在T恤的搭配上随意。平时我乐于研究如何让T恤穿得更好看，穿得更有新意！

中性款T恤

把T恤的下摆扎进高腰牛仔裤里，瞬间提升整体效果！

五分袖T恤

五分袖和百褶裙的搭配非常适合打造夏日淑女风！

夏季

特大号T恤

特大号T恤的下摆露出百褶裙，轻松完成休闲风穿搭！

特大号T恤搭配腰带

特大号T恤可以搭配腰带强调身体线条，蛋糕裙增添甜美感。

04 穿着舒适还能体现高级感的阔腿裤

阔腿裤穿着舒适，版型宽松，可以轻松营造出慵懒感，可谓是成熟女性穿搭的法宝！

裤体的重心移下，因为会让视线下移以项链为佩转的阔整身以可以腿集中在所载

高腰阔腿裤更显身材

小技巧
阔腿裤穿搭

将上衣收进裤子里更显高级

有些人可能会觉得阔腿裤太宽松，显得邋遢，不妨试试把上衣扎进裤子里，这样整体效果就会张弛有度，看起来也更利落。

我个子矮，很喜欢穿高腰阔腿裤

以感提高荟珍上唇，可垂，时尚有品。推试看有风，试类家饰整这比简载饰盾去感，极佩的高气，大珠的饰品

搭配一件牛仔外套，风格瞬间不同了，特大号的男款外套也十分好看啊

淑女风

薄荷绿色的T恤和白色的阔腿裤组成清新的夏日配色，看上去干净舒适

休闲风

黑色和米色的沉稳配色，再搭配白色运动鞋或者牛仔外套加阳者，更帅气

只属于阔腿裤的穿搭风格

说到阔腿裤，其实也有许多不同风格。不同的材质、版型、颜色组合在一起就可以搭配出不同的感觉，还是需要根据自己想要的风格，选择适合自己的阔腿裤才行。

清新活力的代表，阔腿牛仔裤

阔腿牛仔裤自带青春活泼之感，搭配甜美可爱风格的上衣刚刚好。

散发女性魅力的彩色阔腿裤

色彩鲜艳的阔腿裤上身效果非常好，裤腿中线的折痕设计让裤型显得更立体。

夏季

可爱的阔腿裤

要说新款阔腿裤中较为流行的就是这款了，裤脚做成向前倾的曲线设计，不仅可爱，还可以露出美足。

搭配娃娃衫或是蕾丝上衣，成熟又不失可爱

职场女性的英气，垂感强的阔腿裤

垂感强的阔腿裤通勤穿也很舒服，同时还能给人聪明能干的感觉，是职场女性衣橱的必备单品。

阔腿裤搭配剪裁立体感强的衬衫或者是V领衫更好看

Summer

05 比连衣裙还好搭的
时尚连体服

连体服看着就很有时尚感，也比较百搭，各种场合都适用，可以说是性价比非常高的单品了。

成熟风格的黑色连体裤，肩部和领口露出蕾丝内搭的花边

充满夏日气息的草编包看起来很凉快

小技巧
连体服穿搭

利用内搭穿出百变造型

内搭的款式多种多样，可以灵活利用内搭的设计，与连体服搭配出不同风格。

我喜欢基础色的衣服，连体服的内搭不仅可以选择吊带，还可以选T恤、喇叭袖衬衫等各种款式的衣服

上衣虽然很简单但很有时尚感，我喜欢这种感觉

淑女风

搭配蕾丝主穿出淑女范儿

休闲风

褶皱吊带和宽松的连体服，打造出阳光洒脱的大姐姐

我喜欢用休闲的连体裤混搭具有精致感的凉鞋

044

你喜欢哪件呢？ yopipi 风格的三种连体服搭配

市面上有各种各样的连体服，从可爱风格到中性风，各种款式应有尽有，其中我最喜欢的就是下面这三种风格！

01

后背系腰带

这种连体服从背影看简直太可爱了，里面搭配基础款一字领的T恤就是成熟休闲风。

02

极简风

连体服的材质采用针织面料，基础款式的连体裤十分百搭！

夏季

03

休闲风

休闲风的连体裤搭配蕾丝内搭，就是可爱风格，另外发型上也可以有许多造型。

番外篇
亲子装

连体服很适合穿亲子装！特别是经典的牛仔连体服，简直太可爱啦

06 凸显身材曲线，
用松紧感打造出女明星气质

飘逸灵动的裙摆为夏天带来一丝清凉，贴身剪裁的上衣和宽松的裙子搭配得当的话更能衬托身材的曲线，有一种成熟女性的味道。

紧身上衣

+

宽松下装

小技巧
松紧感穿搭

用有收缩效果的颜色中和
裙子的甜美感

剪裁合身的上衣可以选黑色、绿色、卡其色等冷色调，这样能更好地中和裙子的甜美，保持整体着装的平衡感——不会太过可爱，还能体现成熟韵味。

褶皱针织衫

+

高腰系带裙

+

单鞋

裙子的长度我喜欢短裙或长裙，轻风吹拂裙摆的感觉让人的心情变得更好了

鞋子可以选择长头鞋或者其他更有设计感的款式

带有泡泡袖设计的上衣扎进裙子中，是很淑女的一身搭配

变身可爱的大姐姐

推荐这款

碎花直筒裙

包身的直筒裙可以凸显身材，小碎花的图案复古华丽。

荷叶领，这种不对称领口设计的上衣看起来很有品位

松紧搭配的万种风情

热情的红色和沉稳的黑色搭配在一起，又辣又甜，是成熟女性的选择

帽子、墨镜这些小物件看似不起眼，其实也是穿搭中必不可少的元素

美丽又帅气

用整体配色或小饰品来中和甜美感

贴身剪裁的衣服穿上很有女人味，因此需要用颜色来调和整体的风格。不同的搭配还可以穿出甜美中带点帅气的感觉，可以试试辣妹风的配色或者类似风格的小装饰。

Summer 07 经典法式风格，夏日法式穿搭

红蓝白的配色有着浓浓的夏日气息，经典的配色将法式风情展现得淋漓尽致，是任何年龄段都可以轻松驾驭的颜色。

把头发盘起来再戴个帽子，更显俏皮中性

搭配裙装

搭配裤装

搭配信封包

小技巧

法式配色

给蓝白配色中加点红

在以蓝白为主色调的清爽搭配中可以试试增添一点亮色点缀，不知道如何选择的话可以试试红色，这样就是简单的法式风格！

条纹 T 恤
+
蓝色长裙
+
红色单鞋

淑女风

夏日标配的草编包

休闲风

配高跟鞋更好看

简单的基础款服装搭配得成熟又有品位，脚上的一双红色高跟鞋是点睛之笔

鸭舌帽是亮点，有一种少年感

熟练掌握搭配技巧

一字领的T恤非常好看

服饰比较简单时，妆容可以夸张一些

搭配一副有装饰效果的眼镜框

夏季

休闲风
＋
活泼的明黄色

条纹T恤和阔腿裤的简单搭配，配上明黄色的包包，让整体效果瞬间活泼起来！

牛仔裙
＋
装饰眼镜框

清爽的白色牛仔裙搭配起到装饰作用的眼镜框和帆布包，穿出学院风。

背带裤
＋
大红唇

背带裤自带帅气风格，搭配红唇。打造走路带风的帅气姐姐！

Summer
08 大胆露美肤，
夏日纯欲风

夏天难免想穿得清凉一些，但是我无法接受吊带衫和超短裙。我想营造"不经意间的裸露感"，这样的感觉正是时下流行的纯欲风。

小技巧

纯欲风穿搭

集中于一点的裸露才能保证高级感

裸露的范围只集中在一处，比如后背、肩膀、脖子、手臂等，其他地方要控制裸露程度，这样纯欲风的穿搭就完成啦。

后背开口的设计和优雅的基础色搭配堪称完美

包包和鞋子选择休闲款式就可以

露背装既不媚感又透着一丝性感，是再合适不过的了

简衬衫的单薄与落的设计达成纱的平衡我非常喜这种风格

大裙摆连衣裙
+
斜跨小包包
+
轻便凉鞋

怕冷就
加一件
小开衫 ↙

无袖连衣裙，露出手臂的线条

推荐这款

掐腰连衣裙

基础款的版型加上纯
棉质地的无袖连衣裙，
呈现适当的裸露程度。

甜美的蕾丝上
衣和牛仔裤完
美搭配，与草
编包等充满夏
日味道的元素
搭配在一起非
常好看 →

这种露出手臂的蕾
丝上衣（打造若有
若无的透视感），
是让人无法拒绝的
夏日单品

纯欲风
穿搭

夏季

墨镜和红色
船鞋搭配出
成熟女性的
风格 →

白色和米色
的简单搭配
充分体现了
休闲感

露肩上衣，露出肩膀的美感

上装为大胆的露肩款，下装则要收住

虽下决心尝试露肩款的上装，但为了整
体效果不会过于夸张，下装可以选择轻
便的阔腿裤或者连体裤，颜色上可以选
黑色或米色这种沉稳低调的颜色。

轻松学会的
简单发型

美丽日记4

只需几分钟就可以
换个发型

　　只需几步就可以获得全新发型！从视觉上来看，发型比妆容或穿搭更能直接体现个人气质，下面几款发型都非常适合在需要盛装出席的时候试一试哦。

成熟中带有一丝可爱，
只需要外翻的发型

掏洞外翻
就可以

先涂上发油
会更好操作

翻头发的方法

1

把耳朵以上的头发分成三部分，先把中间的部分扎起来，再外翻。

把头发用皮筋扎起来，然后在皮筋上面一点的位置掏出一个洞，从下向上把头发从这个洞里翻出来

2

把左右两边预留的头发扎在一起，然后再次外翻（在第一次外翻的头发上面重复相同的动作）。

把刚才翻出来的地方用下面的头发挡住

3

把刚才扎好的两股头发稍微拉松，再把所有的头发都扎起来，做第三次外翻。

大概在这个位置

4

做完最后一次外翻后把皮筋扎起的头发做适当拉松，注意不要扯得太松了哦。

最后整理一下，稍微拉松头发，看起来会更加自然

通勤低马尾

1 把头顶的一部分头发扎起来，然后内翻。

注意，这里是要从上往下竖直抓取头发，不是从侧面横着抓取哦！

向内翻

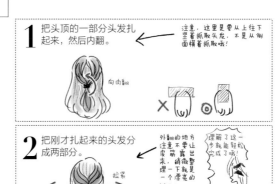

2 把刚才扎起来的头发分成两部分。

外翻的地方注意不要让皮筋露出来，稍微整理一下就是一个漂亮的辫子。

拉紧

理解了这一步就能轻松完成了哦。

用手按住皮筋会更好操作哦。

3 从耳朵上面抓取一部分头发扎起来，扎的位置要在刚才外翻的位置稍微靠下一点，扎好之后再做第二次外翻。

翻的时候要注意把刚才外翻地方的皮筋藏起来

4 把所有的头发全部扎起，梳成一个低马尾。

5 最后再把头顶和两侧的头发稍微拉松就完成啦。

按住皮筋一点一点地拉发丝

夏季

优雅的低丸子头

1 从头顶开始编麻花辫，最后用皮筋扎起来。

发稍用皮筋扎紧

2 全部都编好后，把辫子稍微拉松一点。

3 把辫子绕成丸子形状的发髻，然后用皮筋扎起来。

从侧面看是这样的

把辫子绕圈

4 用U型夹固定绕好的发髻，然后稍微把发髻拉松。

拉发丝的时候要注意把皮筋藏起来

Autumn

充满幸福感的秋天

　　秋天可以选择的单品太多啦，针织裙、皮靴等时尚单品争相登场，秋天是时尚的季节！

　　从夏天的简洁穿搭华丽转型，秋天可以叠穿，还可以充分利用配饰搭配整体造型，总之秋天就是有许许多多值得尝试的穿搭的美丽季节。光是想着这些都让我充满期待，因为有太多心仪的穿搭想要尝试，并且不论是在商店展窗还是在杂志、网站，光是看看都觉得好开心啊！

　　在秋天可以尝试新造型，可以购入新配饰，稍微花点心思就可以邂逅全新的自己！

　　在这个秋天，请以你自己的方式尽情享受吧！

我的秋季衣橱

卫衣
平价品牌店里的卫衣都相当不错，日常穿非常舒服，也有许多不同的颜色可以挑选。

04

深色长裙
墨绿色、深棕色、墨蓝色等都是很适合秋天的颜色，这种深色长裙穿上就很有秋天的感觉。

棋盘格单品
秋天必备棋盘格！只是用棋盘格小面积点缀就很有秋天感，可谓是秋天穿搭的代表性元素。

01

06

风衣
风衣和夹克衫之类的外套是秋季必备，而且是可以穿很久的单品。平价品牌店里有许多款式，感兴趣的话可以看一看哦。

05

02

长款开衫
配合秋天的温度穿一件长款开衫，直接敞开穿就很好看，是忙碌的时尚人士必不可少的一件单品。

皮草制品
皮草是秋日气息浓郁且看上去很华丽的元素。因为皮草给人的视觉冲击力很强，所以只在小范围使用比较好，比如带毛球的鞋，通勤穿也完全没问题。

07

鞋子
乐福鞋搭配长筒袜，用属于秋天的色彩装点脚下，现在仍在流行袜子与凉鞋的搭配。

围巾、帽子
平价品牌店里有许多不同花纹、不同颜色的围巾，搭配休闲风格的服装很合适，我每次去逛街的时候都忍不住想去看看围巾。贝雷帽很有复古的味道，也非常适合秋天。

03

连衣裙与上衣下摆重叠
裙子、短裤、连裤袜、紧身裤等服装可以给腿上增添一些时尚元素，同时还能兼具保暖功能。

08

Autumn 01 品位与季节感并存，秋天的代表性花纹：棋盘格

说到秋季穿搭必不可少的就是棋盘格了，不论是复古风、淑女风还是休闲风，棋盘格都是百搭的元素。简洁的设计加上棋盘格的花纹，看上去立刻就不一样了。

戴上眼镜就是酷酷女孩儿

口红要选红色系的

搭配裙子

搭配裤子

小技巧
棋盘格搭配

用色彩点亮秋天的萧瑟

宁静的秋天总少不了复古棋盘格的穿搭，有些人因为担心显得幼稚所以总会选择深色的棋盘格。但其实只要搭配得当，彩色棋盘格也值得一试哦。

下半身选择修身的裙子，再把衬衫下摆扎进裙子里会更加好看

衬衫，再把衬衫下摆扎进裙子里会更加好看

话虽如此，但棋盘格的颜色组合控制在两至三种比较好

关节显瘦

淑女风

休闲风

想营造成熟淑女风穿搭的话，可以选择紧身长裙，靴子和发饰等单品可以选择设计繁复的款式

贝雷帽与黑皮鞋的复古搭配，袜子也可以试试芥末色或卡其色，会有不同效果哦

学院风的乐福鞋可以打造出乖巧知性的文艺女生

贝雷帽与三种超可爱的复古棋盘格下装穿搭

市面上可以找到许多不同设计的棋盘格下装，每一种都很好看啊，这些棋盘格花纹，随便选哪个都时尚好看。

01
大摆裙

棋盘格的大摆裙给人温暖柔软的感觉，成熟但不幼稚，是标准的秋天搭配！

02
连体服

带有童趣的连体服和灰色棋盘格搭在一起，显得成熟了许多！

秋季

03
阔腿裤

宽松休闲的阔腿裤和束腰紧身上衣搭配，时尚感瞬间提升！

番外篇

棋盘格围巾是再经典不过的了，比棋盘格下装更好搭配，秋天的穿搭怎么能没有棋盘格围巾！

Autumn
02 一件外套就可以提升气质，秋天才有的搭配：长款开衫

适合穿开衫的季节只有入冬前短短几周的时间而已，宝贵得很，等天气再冷一些就穿不了了，所以一定要把握住机会呀！

系扣穿

V字领露出一点蕾丝边，显得更加甜美

小技巧
长款开衫穿搭

选择适合自己的长度

长款开衫重要的就是长度，太短的显胖，太长的又显得矮，一般在小腿中间的位置是比较理想的长度。

利用腰带来凸显身材曲线

我的个子比较矮，所以喜欢选择竖条纹的开衫

敞开穿

挽起袖子露出手臂比较显瘦，竖条纹在视觉上也有显瘦的效果

着装整体比较正式，但搭配运动鞋会显得不那么死板

除了牛仔裤，还可以试试你现有的其他休闲裤，比如紧身裤也是个不错的选择

长款开衫的两种穿法

V领、竖条纹和腰带都是显瘦的要素，可系上扣子当做外套穿，也可以敞开穿，两种穿法都很好看。

长款开衫的百变搭配

职场精英　　　闺蜜聚餐　　　温暖约会

通勤可以选择蓝色或藏蓝色的冷色系

选着类可色色之的

脚蹬高着尖头跟鞋看更干练

白衬衫和牛仔裤的基础搭配，加上小碎花的开衫就更可爱了

红色的鞋子也是点睛之笔

帽子和围巾等单品看起来不仅好还能保暖

下长全松的阔给人一种放松身感觉

开衫摆裙露腿或裤的出者，一

长款开衫
+
紧身裙

小碎花开衫
+
T恤和牛仔裤

粗线针织衫
+
百褶衫

裙子款式虽然较保守但丝毫不显俗气，搭配剪裁合身的长款开衫再合适不过了。

可爱的碎花开衫搭配基础款T恤和牛仔裤，打造可可爱爱的休闲风！

特大号的针织开衫松松地罩在身上，显得娇小可爱，内搭百褶立领衫则更加甜美可人。

秋季

03 提升搭配质感的单品：围巾

Autumn

说到秋冬的时尚单品，必不可少的一定是围巾、披肩了吧。日常使用时不仅能御寒，同时还是可以提升时尚感的强有力"伙伴"！

别看绕一圈很简单，但怎么才能绕得好看还是有讲究的

绿色和绿色配色围巾加眼镜，一种浪漫感

小技巧
围巾搭配

多尝试围巾的不同尺寸、颜色、花纹和系法

小号围巾小巧可爱，大号的围巾可以松松地围在身上，凸显文艺范。不同的系法也会有不同的效果，快来试试吧！

暖色中号围巾

松松地绕一圈就很好看

全身都是秋天受欢迎的棕色调

酷酷的大号棋盘格围巾

松松地绕一圈，中性帅气

围巾还有许多好看的系法哦

绕圈系法	缠绕系法	披肩系法
只需在脖子上绕几圈就可以得到图片所示效果，围巾堆在脸部周围可以很好地修饰脸型。	只需绕脖子一周即可，可搭配基础款裤装或者酷酷的穿搭，都很适合通勤。	围巾的花纹也是穿搭中的重要部分，披肩的系法更能体现女人味。

鲜艳的围巾
+
经典休闲风

米色围巾
+
高级感的纯色上衣

温柔色系条纹围巾
+
女人味+足的连衣裙

酒红色或粉色等鲜艳的颜色可以吸引眼球

灰和黑的帅气配色，加上米色的围巾，帅气又成熟

温柔色系的围巾和基础款连衣裙搭配，只显女性柔美

黑色机车夹克和瘦腿牛仔裤的酷女孩搭配，再配上红色的围巾真的是太好看啦

短靴更是极具秋天味道的单品

秋季

063

Autumn
04 极具慵懒感，舒适百搭的 卫衣穿搭

卫衣是休闲风的经典单品，在家穿很方便，出门穿也可以很漂亮，超级实用。虽然秋季穿卫衣稍微有一点早，但不妨碍我们先来看看如何通过卫衣提高穿衣品位吧。

卫衣穿搭
- ① 尺码
- ② 颜色
- ③ 款式

卫衣想穿得不那么居家还是需要花点心思的，搭得好的话上班穿也很合适！
想穿得好看的话你需要注意以下几点：
①卫衣的尺码要恰到好处，不能太大；
②选择沉稳的色调；
③领口、袖子、肩膀处要有设计感。
一些平价品牌店里的卫衣就可以满足上述要求哦！

不想穿得太休闲的话我比较推荐白色卫衣，和裙子搭在一起简洁又不失魅力

波点花纹的紧身裙也很可爱

带粉调卡其色，藏蓝的原感觉非常合成熟性

白色毛衣
+
紧身裙
+
凉鞋加长袜

米色毛衣
+
瘦腿裤
+
皮鞋

搭配裙子

搭配裤子

休闲风的袜子搭配淑女风的高跟细带凉鞋也很好看

穿运动鞋也可以，穿皮鞋的话会显得更加成熟

享受卫衣搭配的
乐趣

卫衣的
情侣装穿搭

时尚休闲风搭配

白色卫衣真的是百搭款

贝雷帽蕾丝造型和裙子打造复古风

羞于和女朋友一起穿情侣装的男生们，如果换做平时也会穿的休闲卫衣就可以接受了吧！休闲风的搭配可以让两个人都穿得开心。

下摆露出些许条纹T恤的边会更好看

男女同款卫衣
女生穿小号会显得更可爱！

深蓝色和白色的雅致配色

我喜欢这种休闲卫衣与甜美的褶皱立领衫的搭配

动休闲风

奶茶色毛衣
米色、棕色、米白色等奶茶色系凑在一起，色调统一。

穿裤子的话不会有太多动作的约束，在约会的时候，选择裤装更方便一些

要点

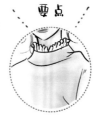

露出一点褶皱立领特别可爱

温暖自然的搭配

05 秋日必备外套选择
简单的款式最好

秋天需要穿外套的时间特别短，其实只要有下面介绍的这两款外套就足够应付秋天的各种场合了，而且不仅可以在秋天穿，一年四季的温度基本都可以应对，可以说是性价比超高的服饰！

不修身的版型，垂感很强，打造一种细腻的氛围感

许多品牌都有这种短款风衣，颜色也有很多种选择，我比较喜欢白色和米色

外套穿搭

日常款更实用

为了短暂的秋天而入手设计感较强的外套有点不实用，简单的基础款外套可以穿很长时间，春天也可以穿。

长款外套

休闲风

英伦气质满满的风衣让人爱不释手，搭配简单的T恤和阔腿牛仔裤，简洁大方

淑女风

短款风衣感觉很休闲，但和长裙搭配的话却有一种小女生的俏皮活泼感

短款风衣

宽松版型的裤子不挑身材，松松垮垮的很遮肉，长度刚好可以露出脚面

灵动的裙摆搭配帆布鞋或皮拖都好看

优雅中透着一丝帅气，和紧身长裙搭配非常有女人味

宽松版型显得身材高挑

我喜欢质地柔软、有垂感的风衣

深蓝色的风衣敞开穿，露出里面白色的内搭

毛衣和棉布裙的搭配是朴素的日常穿搭

秋季外套的多种搭配

淑女的长款风衣

简单的米色长款风衣，系扣穿或者敞开穿都很好看。

米色和扣子元素的组合，十分简洁，围巾和鞋子还可以尝试搭配其他颜色哦

长款风衣露出飘逸的裙摆，提升整体的甜美感

风格各异！秋季外套的多种搭配

褶边立领的甜美和外套的帅气完美融合

卡其色的风衣很百搭，我非常喜欢

米色、白色、蓝色的经典配色，适合约会

女生穿米色风衣搭配米色的连体衣很不错，除此之外还有许多搭配，大家可以多尝试尝试

成熟休闲风的短款风衣

辣妹搭配，中性风穿搭

方便活动的短款风衣搭配百褶上衣和芭蕾鞋，还有颜色鲜艳的包包，共同提升女生气质。

包包选择了时尚的托特包

蕾丝和豹纹的装饰的鞋子卫整体效果注入女性魅力

优雅的芭蕾鞋，成熟可爱满分

Autumn
06 秋日尽享裙装搭配美

秋天是裙子大集合的季节，各种款式、材质、颜色的裙子都可以任意挑选，对爱美人士来说简直是一个美好的季节！

我好喜欢这种优雅与休闲兼具的搭配，秋天和蕾丝就是绝配

上身穿慵懒的开衫时，将下摆扎进裙子里会显得整体形态更好

秋日裙装搭配

自由、尽情地穿吧

不论是蕾丝上衣搭花纹裙，还是秋天色系穿搭，总之，秋天可以肆无忌惮地享受裙装的乐趣！

进也是天饰的秋耳择色是系

搭配紧身裙

搭配百褶裙

休闲风

黑色和蓝色的帅气搭配，再利用甜美的蕾丝袖，和成熟的配色达到一种平衡感

淑女风

秋冬穿搭不要忘了还有靴子哦

上身穿橡皮粉色的温暖开衫，下身可以选棕色或者米色这种秋天色系的裙子，看起来优雅迷人

鞋子如果选择高跟鞋就是成熟风，选择运动鞋就是休闲风

上身是黑色紧身竖条纹的高领衫，搭配裙子就组成了上紧下松的经典搭配。

秋装必备
彩色长裙

可爱、帅气、优雅……
我想尝试各种风格

灰调马卡龙色系、温暖的浅色系、稳重的深色系……每天期待的就是根据心情选择当天穿搭的主色调！在萧瑟的秋天在身上用如此多的色彩，光是看着就很开心。

可爱　　性感　　华丽　　知性

秋天经典的浅咖色长裙，加上蓬蓬的雪纺裙摆设计，成熟又不失可爱。

红色的及膝长裙，上衣微微露出后背，有点小性感的搭配。

花朵图案的裙子和灰蓝色的连裤袜搭在一起，穿出华丽的效果。蕾丝内搭上衣露出花边，给整体造型再添一抹优雅。

充满秋天韵味的墨绿色长裙显得十分知性，和白衬衫搭在一起非常合适。

Autumn
07 毛绒绒的翻毛设计
是秋天穿搭的亮点

每年秋季都有许多翻毛设计的单品，如翻毛鞋、毛绒包等。灵活利用这些单品不仅能提升整体造型气质，而且如果搭配得当的话还能提高时尚感。购物的时候一定要看看这类单品哦！

简单的V领毛衣是日常穿搭必备服饰，羊绒质地柔软亲肤

选择玫瑰色或腮红色系的口红会比较好看

翻毛单品搭配

翻毛设计小范围出现
在包包、鞋子上就好

这类单品通常比较吸睛，为了不显得过于夸张，小面积使用会比较日常。

搭配毛绒包

简单的牛仔裤搭配上毛绒包，瞬间就有秋天的味道了

搭配翻毛鞋

灰色和白色的成熟配色，十分大气，翻毛鞋上的毛球装饰俏皮可爱

V领毛衣
+
瘦腿裤
+
小号单肩包

高领毛衣
+
锥形裤
+
高跟鞋

尖头鞋走起路来显得潇洒时尚

毛绒包

马卡龙色系的针织衫和简单的灰色长裙搭配，让整个人看上去很温柔

平价的人造毛

饰有人造毛的包包在款式和颜色上都有很多选择，是时尚人士喜爱的单品。

翻毛水桶包

激发搭配的想象力

宽松的针织衫和连体裤搭配出休闲风，毛绒包刚好可以作为装饰品

翻毛单品的各种搭配

翻毛鞋或包本身就比较有存在感，所以衣服避免选择鲜艳的颜色或者花纹，这样整体效果会比较和谐。

少女感十足的裙装，白色条纹的上衣让整体效果不会太死板，鞋子也可以尝试不同颜色

翻毛鞋

翻毛鞋

鞋上带有毛球装饰，和通勤装也能搭配。

轻便舒适的高跟凉拖搭配短款阔腿裤正合适，刚好露出鞋子上的翻毛

翻毛鞋也适合通勤，小羊皮的鞋面穿着很舒服

Autumn 08 裙摆的魅力与裙裤叠穿法则

下面要和大家分享如何让普通的连衣裙在保暖的同时提升整体时尚度。不论是裙子、裤子，还是连裤袜，都可以参考这种搭配，连衣裙和裤子的叠穿，发展潜力无限大！

阔腿裤的版型不挑身材，可以模糊身材的连衣裙和宽松的阔腿裤，这两个元素堆叠在一起更加时尚

搭配阔腿裤

冷色系的黑色连衣裙和休闲风的棋盘格阔腿裤搭配在一起很好看呢

利落的V设计凸显性气质，华的黄金单品也很契合整体风格

搭配百褶裙

裙裤叠穿

将视线集中在上半身

因为下半身的叠穿已经很亮眼了，因此为了重心不会过度下移，可以佩戴发饰或者项链，将人们的视线集中到面部周围，帽子和围巾也是不错的选择哦。

高领针织连衣裙
+
棋盘格阔腿裤
+
尖头皮鞋

V领针织连衣裙
+
针织百褶裙
+
短靴

裙子里面再穿一条连裤袜

百搭叠穿

连衣裙的多种叠穿方法

连衣裙搭配不同的下装，可以组成不同的风格。不同的风格可以应对生活中的不同场合，推荐大家试试看。

连衣裙和长裙的配色有千万种变化，每一种都有自己独特的味道。

比如黑色和米色

上半身的衣服比较肥大，下半身的紧身设计刚好凸显腿部线条

穿着叠穿裙子去约会

蓝色围巾
+
灰色针织连衣裙
+
白色雪纺裙

雪纺裙的裙摆随着步伐左右摇曳。连衣裙和雪纺裙的叠穿，使得裙摆摇曳的幅度有所收敛。

穿着叠穿牛仔裤去参加闺蜜聚会

棒球帽
+
长款 T 恤
+
牛仔裤

基础款 T 恤裙和直筒牛仔裤的帅气搭配。

打底裤打造休闲风

运动外套
+
长款卫衣
+
打底裤

大号的外套露出长款卫衣的下摆，非常适合悠闲的秋天，打造运动休闲风！

很受女生欢迎的中性风叠穿方法

做自己人生的舵手

二十岁时疲于奔命的我

聊自己的事其实还有点小紧张。

如今回想起来，二十几岁时的我每天都紧绷神经，要求自己必须努力，必须有进步，强迫自己高强度工作。结果累积的压力全都被我发泄在了家人和恋人身上，自己的身体也熬坏了，到最后却一无所获。我当时对身边人很不友好，自己也觉得自己状态很差。

现在大家会说"要学会取悦自己"，真正让我明白这个道理的是那些能"掌控自己人生"的成熟女性。这些女性有丰富的人生经验，拥有相对稳定的情绪，她们不依赖他人的评价而活，做错也能坦然承担后果。

有一天，我忍不住问一位这样的女性，她是如何做到的，她回答道："因为我决定要过得幸福。所以不管发生什么事，我都会想'我要过得幸福'。"

这句话给了当时正处于生活低谷期的我很大启发。从那以后，我开始更加关注自己，始终牢记要忠于自己的内心，要过得幸福。就这样，渐渐地，我又找回了生活的乐趣。

如今已年过三十的我

我每天忙于工作和照顾孩子，还是会忽视自己。我意识到，长大以后在不知不觉中我已远离那些自己曾经喜欢的东西了。明明喜欢看电影和音乐剧，却再也没有去看过了。

我们总是不断地严格鞭策自己前进，许多女性朋友可能都和我有过同样的经历，比如"完成这项工作前我要忍着不做什么""完成某件事后奖励自己一个礼物吧"……我们秉承严于律己的态度，在目标达成前将自己的心爱之物束之高阁。

但是我不想只表扬"努力的自己"，不管努力不努力，我都想自然而然地默认自己是值得被爱的，我想真正学会"爱自己"。

根据实际情况，大方地允许自己买喜欢的东西，允许自己享受快乐，对人对己都有积极作用。

所以，现在的我学会了用"学会爱自己，做自己人生的舵手"的信念生活下去。

不要吝啬宠爱自己哟！

怎么才能让自己活力满满呢？

当精神萎靡不振的时候，觉得没人理解自己的时候，脾气暴躁得一点就着的时候，我们需要做一些自己喜欢的事情来挽救坏心情！为了更好地继续前进，要记得给自己好好充电。

我会这样做

听喜欢的音乐

品尝美味的巧克力

重读喜欢的漫画，尤其是有喜欢的角色出现的位置

买瓶高级化妆水

一个人唱歌（一个人又唱又跳的时候，就是最放松的自己）

涂个亮色系的指甲油

看女性主题的电影

去进口超市买好吃的，奢侈一把

要记得爱自己，不自寻烦恼，做自己想做的，爱自己的家人。无论何时都不要忘记，和自己所爱的人和物生活下去。

美丽日记6

取悦自己原来是
这么回事啊！

艾尔待人从不考虑社会地
位、职业，而是去看每个
人的闪光点，这样的人真
的让人很难不喜欢

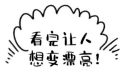

看完让人
想变漂亮！

电影里充满了各种
时尚元素，各种奢
侈品、穿搭层出不
穷，看着就很开心，
还有像这种小饰品
也特别可爱

这些电影我重看了无数遍，
不论是学习还是工作，这些电影
都给了我很大鼓励。有时候我会
参考电影中人物的穿搭，还会模
仿她们的发型和妆容。这样模仿
着模仿着，不知不觉就真的有了
前进的动力，对考试、工作、恋
爱的态度都变得更积极了，工作
上表现得也更好了。

我想把这些优秀的电影分享
给同样想要加油努力的你、想要
前进的你、想要喜欢自己的你，
希望这些电影也能鼓舞你们前进。

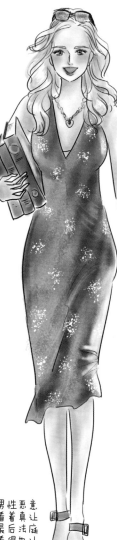

《律政佳人》

真善美的胜利

电影讲述了热爱时尚的金
发女孩艾尔通过自己的努力考
入哈佛大学攻读法律，最终以优
异的成绩毕业，消除了身边人对
她的偏见。

这部电影在女性主义群体
中获得了很高的评价，至今仍有
许多女性粉丝。这部电影对我来
说是"人生加油站"一般的存在。

电影里的男性恶意
诋毁艾尔看着真让
人气愤！最后法庭
外那场戏也看得让
人大呼过瘾

《超大号美人》

无需在意他人眼光，重要的是自尊自爱。

女主角芮妮是个特别在意他人评价的女孩，做任何事都极度不自信。有一天，她在健身房意外被砸到头，醒来后不知为何突然觉得自己超美。实际上芮妮的外表没有任何改变，但她就是逐渐自信起来，甚至可以高呼"芮妮超棒"！

我想，自信是人生强有力的武器。

愿我们都有"我可以"的自信

挺胸抬头做自己
就是最美的！

我喜欢模仿电影中芮妮的造型，她的服饰、发型都很好看！
洋溢着自信的芮妮在接受挑战时真的是太棒了

《实习生》

电影细致入微地描写了职场女性的辛劳与喜悦

朱尔斯是一家时尚网站的CEO，事业有成的同时还有爱她的丈夫和可爱的女儿，看似人生赢家的她其实也有别人想不到的烦恼。

本是一位退休返聘到朱尔斯公司的实习生，在两人相处间，那种简单的人生态度，在不知不觉中改变了朱尔斯。

"谁都会有烦恼和伤痛，重要的是如何与它们共存，一起生活下去。这个过程可能会很艰难，但是别担心，一定都会过去的。"

这部电影给了我很多勇气。

电影中的穿搭也可圈可点，无论是高级品牌的搭配，还是休闲风的营造都有值得借鉴的地方。

朱尔斯做出公司重大决策当天的穿搭

这是一部既有时尚元素，又有热血情节的电影

电影里有许多值得参考的上紧下松的搭配

《一键成名》

超有味道的古着穿搭，简直太符合我的穿搭审美了！

故事发生在1950年的法国，女主角露丝除了打字比较快以外别无所长，为了在世界级的打字比赛中取得冠军，露丝开始了自己的训练。

我最喜欢看电影里露丝专心敲键盘的样子，边看边感慨，怎么有人能把天真烂漫和性感气质把握得这么恰到好处。

我通常会在周日晚上看这部电影，看完电影带着满满的幸福感，充满活力地迎接第二天的到来。

Winter

冬季

冬天，认真聆听
内心的声音

冬天，衣服不管是从材质上还是从设计上都有许多选择，但会为了保暖而不得不放弃一些好看的穿搭。正因如此，冬天更需要从打扮和开心的角度认真思考自己想穿什么。

问问自己的内心，想穿哪件衣服，穿什么会开心。以适合自己的方式，取得时尚和舒适的平衡点。

正因为寒冷的天气，冬天成了适合聆听自己内心声音的季节。

在冬天，我们可以在不断试错的过程中，一点点靠近理想中美丽的自己。

我的冬季衣橱

06

彩色毛衣
冬季穿搭必不可少的就是毛衣啦，一些平价品牌店每年推出的毛衣都很受欢迎。遇到喜欢的款式的话，在售罄前一定要入手！

03

08

这种粗线毛衣里面叠穿褶皱立领内搭也不错

对襟毛衣
对襟毛衣蓬松柔软，是体现慵懒氛围感的单品！平价品牌店里的这种毛衣外套性价比超高。

百褶裙
百褶裙给冬天厚重的穿搭带来一丝灵动。

04

09

05

07

直筒牛仔裤
直筒裤的裤型可以很好地修饰腰部和大腿赘肉，高腰的设计也很显瘦。另外这种裤型不仅看着成熟稳重，天冷的时候还可以套秋裤，是我在冬天经常穿的一款裤子。

针织连衣裙
这简直是冬天必备款，一定要入手。这种套装省去了搭配的过程，对于繁忙的女性来说简直是救星。

经典的黑白搭配

在我看来，简直没有比冬天穿着白色单品更让人眼前一亮的搭配了！全白的清纯搭配自不必说，纯黑的干练配色也非常亮眼。用好黑白两色，就已经掌握了冬天穿搭的技巧！

鞋子

冬天比较适合穿短靴！各种颜色和款式，再配合服装可以搭出不同的风格。一些平价品牌店每年都会推出大量有设计感的短靴，所以每年冬天我都很期待今年会有什么新的款式。

连裤袜

连裤袜兼顾时尚和保暖的双重功能，叠穿针织连衣裙也非常棒！平价品牌店里的大部分连裤袜质量非常不错，是我每年都要回购的单品。

冬季

黑白灰，永远的经典配色

黑白的纯色搭配是我永远的最爱！黑白相配的穿搭，在冬季演绎优雅气质。

毛衣搭配毛衣，粗线毛衣披在肩上，再搭配基础款的高领毛衣，帅气又可爱

同色系的粗框眼镜和字母项链，凸显活泼俏皮的搭配

虽然是冬天，但我还是喜欢稍微能露出一点肌肤的搭配，寒冷的季节穿得有一番味道

黑白搭配

活用配饰点缀

黑白配色虽然经典，但单纯的黑白两色很容易显得土气。适当用些小饰品点缀一下，可以提高整体搭配的时尚感，还能彰显个人衣品。

搭配裙子

搭配裤子

黑色和灰色的搭配，再加上米黄色的包包，充满冬日气息

家居服服的搭配，其实出门也很漂亮，这搭配真的很赞！这就是时尚达人的本事

慵懒毛衣
+
竖条纹毛衣
+
紧身裙

复古毛衣开衫
+
牛仔连体裤
+
芭蕾鞋

鞋子选择了成熟的灰色高跟鞋

鞋子选择有女人味的款式，豹纹的鞋子就刚刚好

包包、鞋子等配饰

更多反差色搭配

在某种色系中加入不同颜色的点缀更显个性，若用自己喜欢的颜色点缀更是让人开心不已。

连体裤显年轻，黑色又不会太过幼稚

复古休闲风

○ + 黑 + ■

灯笼袖衬衫
+
连体阔腿裤
+
皮革包

皮革包和复古感是绝配，这样的休闲复古风更有高级感

垂感很好的连体裤单穿也很时尚

成熟可爱的裙装

○ ○ + ■

白色的雪纺裙搭配灰色的毛衣凸显整体效果可爱，莲起的雪纺裙配少女感

高领毛衣
+
雪纺裙
+
尖头鞋

搭配高饱和度颜色的尖头鞋更好看

简单的连衣裙穿出时尚感

○ ○ ○ + ■

我喜欢在冬天涂红色的口红，特别是酒红色

毛线连衣裙
+
毛线连裤袜
+
红色包包和口红

搭配空气感的发带造型，更有时尚感了

精致的连衣裙和红色的包包，正是电影女主角的复古穿搭

米黄色的连裤袜，脚踝处的开衩带有设计感

083

Winter 02
朴素中带着华美，冬天的白色搭配

凛冽寒冬中一袭白衣的清丽美人！白色给人纯洁的印象，搭配得好的话更凸显高级感。下面请学习冬天的美丽穿搭吧！

低领毛衣外搭毛绒绒的羊毛外套，掌握高级感穿搭的秘诀

白色穿搭
不同材质混搭

粗线毛衣、衬衫、慵懒的白色外套……同样是白色，不同材质的衣服搭配在一起有一种奇妙的奢华感。

干净清纯的衬衫裙

厚实的毛衣外套和挺括的衬衫裙，不同的材质带来的反差感打破了沉闷和乏味

搭配裤子

| 慵懒的羊毛外套 |
| + |
| 低领毛衣 |
| + |
| 紧身裤 |

因为身较宽所以上身松下配以身利落的紧身裤

休闲风的白色穿搭，包包选择了反差明显的浅黄色

| 毛衣外套 |
| + |
| 挺括的衬衫裙 |
| + |
| 帆布鞋 |

搭配连衣裙

贵气的羊毛外套搭配浅蓝色系带高跟鞋

白色也有
很多种

白色的
千姿百态

除了纯白色，白色还有许多不同的白，
比如米白色、象牙白等。明度、饱和
度等细微的差别都可调和出不同的白
色。这些白色搭配在一起，再加上一
点反差色，可以组合成美妙的穿搭。

白色的珍珠发
卡和全身的颜
色统一，珍珠
也是不错的饰
品选择

成熟甜美
路线

○ ○ + ▨

毛毛袖的毛衣

+

大摆长裙

+

水钻高跟鞋

袖子的设计虽简单
但让衣服有了亮点

短款下装的
少女风搭配

○ ○ + ■

金棕色的水
钻高跟鞋更
好地衬托出
整体的白色

大号的外套
裹住身体
显得可爱

简洁休闲风的
粗线毛衣搭配

○ ○ + ■

特大号的A字外套

+

彩色紧身裤

+

高筒靴

红色的包包
十分吸睛，
选择较小的
型号不会显
得太突兀

宽松的毛
衣显得人
贵气十足

复古毛衣

+

高腰裤

+

亮色系斜挎包

身裤的颜
色是整体穿
搭中的亮点

03 可爱感翻倍，让人无法拒绝的 摇粒绒外套

摇粒绒不仅轻便，而且毛绒绒的样子十分可爱，让人无法拒绝！我买过很多件这样的衣服，不管是日常穿还是约会穿都是不错的选择。

外套里面穿的是 V 领毛衣，露出锁骨看上去有点小性感

夸张的耳饰和棋盘格围巾让视线集中在面部

可爱的特大号外套

米色摇粒绒外套
+
宽版棋盘格围巾
+
紧身裤

红色的高跟鞋露出脚背让整体多了一丝甜美，中和了休闲运动感

摇粒绒外套穿搭

不同材质混搭

囊括了休闲风格和设计感的摇粒绒外套，搭配的时候可以利用颜色鲜艳的鞋或者带有花纹装饰的小饰品，看似不经意间露出的一点肌肤也能增添一抹甜美，完全没有家居服的感觉。

又保暖又自然，带孩子的时候穿也毫无压力

和左侧同款的摇粒绒外套，穿配裤子也可以

米黄色和蓝色的清爽配色，通勤也适合

天鹅绒的长裤舒适保暖

摇粒绒外套

摇粒绒外套比较宽松，很可爱，还能起到保暖的作用，是接送孩子时的必备款。

米黄色的摇粒绒外套和棕色针织连衣裙搭配，给人很温柔的感觉

适合各种场合

将摇粒绒外套穿到底！

在冬天，我几乎每天都穿摇粒绒外套。摇粒绒外套虽然是休闲风，但搭配得好的话可以适合于各种场合，可以说是十分百搭的服装。

气满满亲子装

扎起马尾辫，精神抖擞

运动亲子装

中性风的大外套和加绒打底裤，打造元气满满的亲子装。

保暖又时尚

搭运动鞋也不错，不过穿平底鞋会更有女人味

翻毛包和短靴提高整体时尚感

淑女风的连衣裙混搭辣妹风

卡其色的摇粒绒外套看起来帅气十足，和连衣裙搭配形成了可爱与休闲的平衡。

Winter **04** 彰显女性魅力的百褶裙

百褶裙灵动的裙摆和冬季厚重的服装形成强烈对比，百褶裙在冬天是强烈推荐的单品！

冬天穿白裙子，清新简约。灰色和白色的清纯搭配，再加上蓝色的围巾，给人清爽的感觉

平价品牌店里的雪纺百褶裙有很多不同的颜色，非常好看

蓝色大号围巾
+
灰色毛衣
+
白色百褶裙

脚上穿的是黑色连裤袜和短靴，与身上淡色系的服装形成反差

百褶裙穿搭

充分发挥色彩优势

百褶裙在冬天的穿搭单品中凭借其飘逸的材质而有着强烈的存在感，所以要好好利用裙子的颜色来衬托整体穿搭氛围。

棕色系搭配

棕色系自带秋冬浓郁的氛围，不管是简洁还是淑女的搭配，都能很好驾驭

统一的色调更好搭出韵味，再用时髦的小配件增添些许优雅元素

穿搭是自由的

用颜色凸显个性

百褶裙很吸睛,所以不同颜色的裙子可以给人不同的感觉,大家可以根据不同场合选择合适的颜色。

软乎乎的海马毛上衣太适合约会穿了吧

绝对的小女人穿搭风格

粉色海马毛上衣
+
奶油色裙子
+
灰色玛丽珍鞋

这身搭配十分可爱,穿上就是满满的少女感

逛街就穿外套和紧身裤

开开心心的出游装,凸显休闲混搭风格

通勤穿搭

清爽的搭配体现出职场干练女性的魅力

白衬衫
+
墨蓝色裙子
+
黑色靴子

鞋子选择黑色尖头短靴

浅驼色外套
+
薄荷绿裙子
+
黑色运动鞋

我很喜欢这条薄荷绿色的裙子,穿上看起来十分有动力

Winter 05

用裤装穿出品位，打造方便利落的经典搭配

冬天若太过寒冷没法穿裙子时，每天就会不自觉地穿得都差不多，冬季日常穿搭的目标就是穿脱方便！

选择奢华的外套比内裤系腰搭，高腰显得整体比例纤细修长
上半身蓝色和白色系搭配

裤装穿搭

打造长腿效果

冬天的衣服很容易显得臃肿，所以要注重全身穿搭的平衡感。比如阔腿裤可以选择高腰款，直筒裤选黑色，这样整体感觉会更加和谐。

欢迎色彩鲜艳的品这单搭配简单的裤装我用鲜小这种

搭配阔腿裤

棉袄
+
高领条纹毛衣
+
高腰灯芯绒裤子

直筒修身毛衣
+
翻毛包包
+
黑色基础款裤子

搭配直筒裤

鞋是品质很好的高跟短皮靴

黑色的裤子潇洒帅气，刚好搭配休闲风格的运动鞋。上半身毛色的短款毛衣搭配黑色裤子，从视觉上拉长了腿部线条

带孩子穿也很合适，
日常穿也很好看

辣妹风格
的锥形裤

甜美的高腰直筒裤搭配

宽松的粗线毛衣和高腰直
筒裤的搭配体现恰到好处
的甜美感，毛衣下摆扎进
裤子里还能显腿长。

灰色毛衣
搭配深棕
色九分裤

*裤子是成年人
穿搭的法宝*

更多显瘦的
裤装搭配

裤子的选择不外乎就是挑选
裤型、长短等，不同款式可以
搭配出不同的造型，让我们一
起享受裤子搭配的乐趣吧！

情况以色的
的较所
上比丰
身色一富
色间搭
彩围
巾

冬季

舒适的牛仔
裤和红色鞋
子的搭配十
分可爱

咖色和
亚麻色
的搭配

阳光休闲

独具特点的曲线裤

裤子的线条是亮点，搭
配短款外套适合放松的
休息日。

女人味的紧身
上衣和阔腿喇
叭裤搭配，
同时穿上乐福
鞋，显得人很
干练

平价品
牌店牌
显的
瘦长
裤拉
长部
腿
线
条

衣带点
中性
所风
选以
择鞋
了子
增增
加加
女女
人人
味味
的的
高高
跟跟
鞋鞋

裤装也可以
很甜美

**提高腰线，视觉中心
集中在上半身**

喇叭裤和紧身上衣，完美平
衡视觉效果，甜美穿搭完成！

Winter 06 可爱到极致的彩色毛衣，给冬季带来一抹色彩

因为冬天的衣服基本都是质地厚实、颜色暗淡的，所以颜色鲜艳的毛衣不仅亮眼，还可以给枯燥的冬季穿搭带来趣味性，在人群中脱颖而出。

直筒裙和特大号的毛衣搭配在一起显得慵懒可爱

每年冬天，一些平价店都出许多不同颜色的毛衣，饱和度高的黄领色人从给人清新、感觉很喜欢和绿色毛衣以

暖暖的胡卜色（橘色）毛衣，不仅保暖，在视觉上也给人带来温暖的感觉

彩色毛衣穿搭

大胆挑战不同颜色

高饱和度颜色的外套可能会不太好搭配，但是毛衣就无需有这么多的顾虑了。根据自己的心情选择想穿的颜色，真是一件令人开心的事情！

搭配裙子

搭配裤子

下装是基础款的牛仔裤，中和了上衣鲜艳的色彩

黄色绿高领毛衣
+
加绒瘦腿裤
+
高跟鞋

收身，上显筒下线人看去不会得臃肿
裙半条的让去直紧的

橘色海马毛毛衣
+
直筒裙
+
马丁靴

高跟鞋体造起来利落尖整看型干头脆

选择款子亮面都是鞋有亮皮色的服基础以要漆我的头好衣了所就点的是

浅蓝色

浅蓝色看起来温柔清纯，让你在冬季暗沉的穿搭配色中脱颖而出。

洋红色

想走华丽路线的时候就选择跳脱的洋红色吧。

蓝色

知性帅气的蓝色和甜美可爱的裙子搭在一起很和谐。

色彩点亮冬日，彩色毛衣的各种搭配

黄色

高饱和度的黄绿色在人群中格外吸睛。

紫色

薰衣草紫色把优雅和温柔发挥到极致。

红色

颇具时尚感的红色可能不会那么日常，亮眼的颜色给人活力十足的感觉。

青绿色

后背系带的设计和沉稳的青绿色相得益彰。

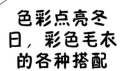

Winter 07

温暖又舒适的搭配：针织连衣裙

这种穿上就能出门的搭配在冬天非常实用，且简单方便。虽然看起来没花多少心思，但能起到提升气质的作用，不想考虑搭配时选择它是再好不过的选择。

针织连衣裙

针织套装

针织连衣裙的穿搭

注意不要显得太臃肿

冬季的服装以沉闷色系居多，针织连衣裙又很容易显得臃肿沉闷。所以搭配时要注意使用亮眼的小装饰，或者用蕾丝装饰点缀一下。

我很喜欢袖子的设计，显得手臂特别纤细

这条灰色的连衣裙也是最近的流行款

白色的短靴让整体看起来更轻盈

我喜欢这种领口处露出精致蕾丝花边的搭配

虽然是现成的搭配，但是效果超棒

玛丽珍鞋自带正式感

V领针织连衣裙
+
咖色针织打底裤
+
白色短靴

针织套装
+
蕾丝内搭
+
玛丽珍鞋

搭配华丽的金色首饰

正统名媛风

帽子和发饰都能提升时尚度。冬天戴个毛球球头花看起来暖暖的，特别可爱

潇洒的休闲风

墨绿色的连衣裙超美

凸显身材曲线的套头连衣裙

系腰带的连衣裙可以很好地凸显身材曲线，成熟优雅的搭配完成！

明黄色的包包减轻了服装的厚重感

穿上我喜欢的连衣裙出门！在沉闷的冬季也能有好心情

看似简简单单，其实暗藏许多小心思

冬季女人味的穿搭

冬天的活动特别多，如闺蜜聚会、约会、公司年会等，想打扮一下但时间又很紧张的时候，连衣裙和套装就是精致女孩的救星。

冬季搭配简单，容易按以更加红，所以裤装比较有口感一些

娇媚女人的奢华穿搭

我很喜欢这件长款外套，垂感非常好，将羽绒或羊毛大衣披在肩上，看起来更多了几分女人味

精致的套装穿搭

微微裸露肌肤的条纹针织连衣裙透着些许性感，包身的设计还能凸显身材曲线的美。

卷发造型更显贵气

帅气女人搭配

裙子长度在膝盖以下，为了保持整体和谐，可以搭配高跟鞋。这种有女人味的高跟鞋很不错，搭黑色短靴的话风格上会显得更酷

气质超群的帅气套装

搭配裤子的话看起来不会过于甜美，同时又多了几分休闲感，也是值得推荐的搭配。

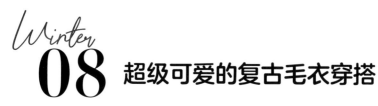

超级可爱的复古毛衣穿搭

冬末春初，季节转换的时候早晚温差大，粗线的开衫毛衣很适合当外套穿，可根据体感温度随时穿脱，十分方便。

插肩的设计可以露出肩膀，显得慵懒可爱

微露肌肤带点颓废感

毛球的耳坠很可爱

大号毛衣开衫穿上超级可爱

灰色粗线毛衣开衫

+

黑色紧身牛仔裤

+

红色尖头鞋

红色的尖头鞋露出脚背，在俏皮可爱的同时还有点小性感

复古毛衣穿搭

厚毛衣可以当做外套穿

现在特别流行粗线的复古毛衣，厚实的毛衣穿上有一种包裹感，显得娇小可爱，而且开衫毛衣可以穿很长时间，性价比也很高。

约会小心机

小女人的自然休闲
粗线毛衣开衫和吊带内搭营造出些许性感，而牛仔裤则更加休闲，整体看上去舒适、惬意。

没搭裙子而是裤子就像是有点傲娇地说："我才不想穿裙子给你看呢！"

手小友可出男太过袖长盖住伸手的样子了背的手出来长盖过手背伸出来牵住样子的爱

旅行搭配

蝙蝠袖的开衫选择毛衣，裤子是凸显腿型的锥形裤，九分裤的长度活动起来也很方便

低马尾搭配发带，时尚漂亮

不同场景的
粗针织

复古毛衣穿搭

粗线毛衣、条纹毛衣、蝙蝠袖毛衣……毛衣开衫有许多不同的版型，总有一款适合你，让你在冬天也能打扮得漂漂亮亮地过周末。

居家休闲，闺蜜聚会穿

这身搭配宽松柔软，在家穿非常舒服

温柔内敛的可爱女生
蝙蝠袖的设计看起来有一种娇弱美女的感觉。

棋盘格的裤子也能穿出门，搭在一起就是酷女孩

宽松蝙蝠袖开衫就好看

蝙蝠袖衣穿很的毛衣单穿已经好看了

和朋友逛街穿

个性的成熟配色
黑色毛衣开衫和棕色调的绿色直筒裙，看起来帅气大方。

冬季必备的翻毛包包

Winter 09 甜美与休闲的完美平衡，褶皱领的叠穿法

冬天穿的衣服比较多，内搭褶皱领可以露出花边，是个不错的选择！不管是针织开衫还是毛衣，露出褶皱领的搭配都能让整体效果大不一样。大胆打破常规，试试这样的搭配吧！

推荐这款

蕾丝褶皱领 T 恤

白色比较百搭，和任何一件毛衣都能一起穿。

白色毛衣衬得皮肤更白皙

领边露出的褶皱领可以让普通的毛衣看起来更具特点

褶皱领的层次感和毛衣的厚重感非常搭

喜欢这些特点

☑ 褶皱领非常适合叠穿

☑ 成熟又不失甜美可人

因为衣服已经是纯白色了，所以口红选的是鲜艳的橘红色系

褶皱领搭配

今天搭配哪件
外衣呢？

百搭的褶皱领和各种样式
的衣服都能搭配到一起，大
家可以充分利用衣柜里的
衣服，换着花样搭配看看。

搭配圆领
开衫毛衣

| 圆领毛衣开衫 |
| + |
| 直筒裤 |
| + |
| 平底鞋 |

粗线复古毛衣单穿也很有
特点，和休闲裤搭配的效
果也很棒

冬季

成熟感满满的
运动衫

搭配Ⅴ领
毛衣

| Ⅴ领毛衣 |
| + |
| 阔腿裤 |
| + |
| 运动鞋 |

搭配圆领
运动衫

| 圆领运动衫 |
| + |
| 棋盘格裙子 |
| + |
| 黑色短靴 |

褶皱领和华丽的棋盘格裙子，
再搭配运动衫更有学生气

我喜欢领口处露出
大面积内搭的设计

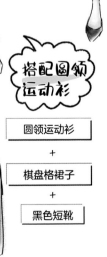

美丽日记7

衣服的颜色要配合想营造的风格

颜色很重要，即使是同一身搭配、同一条裙子，不一样的颜色给人的感觉也会不一样。
所以我们要按照自己当天想要搭配的风格来选择衣服的颜色，这也是穿搭的乐趣之一。
塑造理想中的自己，大胆尝试喜欢的风格，自由地选择你想要的颜色吧！

高级精致的现代风

黑色系配色

- ● 灰色大衣
- ● 黑色连衣裙
- ● 红色高跟鞋

- ● 浅咖色大衣
- ○ 白色连衣裙
- ○ 白色运动鞋

温柔奶茶色的休闲风

全身以奶茶色系为主，帽子则选择了和奶茶色系反差很大的藏蓝色

白色系配色

薄丝袜带点性感

你喜欢哪种风格呢？

和整体颜色形成反差的红色高跟鞋

白色连衣裙清纯、非常百搭，配运动鞋也很适合

衣服可以常常穿，约会、治愈末、运动

fresh

清新自然的马卡龙色系

- 浅米色的长款大衣
- 水蓝色的围巾
- 黄色的裙子

清新自然的马卡龙色系很显白,将小清新的气质展现到极致

精明干练的冷色系

- 灰色的长款大衣
- 紫色的围巾
- 黑色的裙子

打造聪明干练的职场女性穿搭,休闲的纽扣裙让人看上去不那么严肃

Smart

长款大衣的通勤穿搭

穿长款大衣显得气质典雅,上身还显得纤细,配上直筒裙走起路来气场满满。通过改变大衣的颜色还可以搭配出不同的风格,我们一起来看看吧!

Natural

针织连衣裙的约会穿搭

复古的粗线毛衣裙是秋冬必备款。羊绒的材质柔软亲肤,搭配围巾和打底裤保暖性能更好。

舒适的自然色系

- 白色的连衣裙
- 薄荷绿色的围巾
- 灰色的靴子

我喜欢这种看着就暖和的搭配,设计夸张的耳饰也起到了很好的装饰作用

Cool

帅气的知性色系

- 深蓝色的连衣裙
- 红色棋盘格围巾
- 黑色的靴子

深蓝色和棋盘格搭配,打造经典的学院风

美丽日记 8

❤点赞. 收藏数量
2,8万

粉丝投票穿搭榜

这是我根据社交软件上的点赞、收藏数量等数据整理出的十大高人气穿搭。

相对来说大家更喜欢牛仔裤的穿搭呢，十大高人气穿搭中有四套都是牛仔裤的搭配。牛仔裤作为方便的休闲风单品，款式也比较百搭，果然是经久不衰。

此外，在我分享的穿搭中，蕾丝的叠穿也深受大家的好评。作为V领T恤或者连体服的内搭，精致的蕾丝花纹为整体穿搭增色不少，我自己也非常喜欢这种搭配。

不知道是不是因为大家都买过平价品牌店的毛衣，这类搭配也广受好评，收藏数量也有不断上升的趋势。

❤点赞. 收藏数量
2,2万

❤点赞. 收藏数量
2,1万

❤点赞. 收藏数量
2,4万

❤点赞. 收藏数量
2,0万

❤点赞. 收藏数量
1,8万

8

❤ 点赞·收藏数量

1.7万

9

❤ 点赞·收藏数量

1.5万

10

❤ 点赞·收藏数量

1.5万

套装作为基础款，凭借其较高的性价比也非常受大家欢迎。

简洁的搭配更受好评

无袖 T 恤和阔腿裤、白衬衫和牛仔裤，这种简洁休闲的穿搭收获了大量好评。

我喜欢的搭配

一起来看看我自己喜欢的搭配都有哪些吧！

①

②

③

①简洁休闲风
修身高领毛衣和利落的高腰牛仔裤，我喜欢这种简洁休闲的搭配。

②软萌可爱的小女生搭配
灯笼袖针织衫和小碎花阔腿裤，张弛有度的组合特别可爱！

③高饱和度颜色的配色
高饱和色的玫红色条纹针织衫和浅蓝色阔腿裤，我喜欢这样的配色。

帽子或鞋子来点缀这种简单的搭配可以用

衣服看似并不凸显身材，其实穿上会显得腰身很瘦，身材也会显得纤细

亮眼的玫红色能够在瞬间将人们的视线集中在上半身，简单的阔腿裤又呈现出一种随性的风格

1 夏天百搭单品，经典的白 T 恤

经典的白 T 恤有多少件都不够，并且任何年龄层
都能轻松驾驭。要是每天都能穿白 T 恤，那简直
太幸福了吧！

各种版型的白 T 恤

Ｖ领

蝙蝠袖

圆领

宽松版型

平价经典款
基础款白 T 恤

这款 T 恤在任何场合都可以穿，
基础款的版型更是百搭。

活泼的泡泡编发和白 T 恤搭配在一起更显活泼

104

搭配 **大摆长裙，简洁可爱**

夏天适合穿裙子，大大的裙摆，穿上凉爽舒适，再加上彩色的包包就是一身简洁可爱的夏日穿搭！

搭配 2 **白色开衫，统一质感**

白色T恤和白色开衫的经典搭配。在白色上衣的衬托下，棋盘格裤子更加突出。

搭配 3 **系一条花纹围巾**

白T恤比较简单，所以在脖子上系一条花纹围巾装饰一下，可爱的包包也提升了整体甜美感。

用夸张的饰品彰显质感

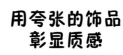

如果觉得白T恤太过休闲的话，请一定要试试戴副夸张的耳坠或耳钉！干净没有装饰的白T恤，正好可以反衬饰品的存在感

**成熟的基础款
穿搭分享**

和大家分享一下日常生活中我是如何将基础款的搭配发挥到极致的！

衣橱必备的
牛仔裤

牛仔裤简直就是穿搭神器，不管是学生时代、通勤时代还是做了母亲以后，我的穿搭都离不开牛仔裤！简直就是可以穿一辈子的万能单品。

不同版型的牛仔裤

深蓝色
高腰
直筒裤

蓝色
低腰
瘦腿裤

黑色
九分
锥形裤

越穿越舒服，让人爱不释手

平价品牌店的
锥形牛仔裤

这款牛仔裤非常受欢迎，甚至还被评价为"神仙牛仔裤"。裤型不紧不松，还能很好地勾勒腿部线条。款式也百搭，同时，九分裤的设计也十分亮眼。

搭配 1

蕾丝上衣，甜美休闲风

牛仔裤可以很好地中和一些不太日常的上衣，是非常百搭的单品。

搭配 2

素色外套，简洁休闲风

一字领和九分裤的搭配更显女性气质，想搭配得更自然一点的话，可以再配个好看的包包，更加抢眼。

搭配 3

机车夹克，帅气中性风

黑色机车夹克比较中性，和皮质包包非常搭配，再穿上牛仔裤更加凸显干练帅气的气质。

还可以试试和当季流行的单品搭配哦

下摆宽松的娃娃衫，甜美可爱，后背系带和蝙蝠袖的设计也独具个性。

不知道穿什么搭配当季新品的话，可以试试牛仔裤哦。

和大家分享一下日常生活中我是如何将基础款的搭配发挥到极致的!

3 时尚轻便的小白鞋

小白鞋作为一款百搭的时尚单品,不仅可以搭配各种穿搭风格,还能提升时尚感。

不同版型的小白鞋

轻便的　　对比色差

帆布鞋　　运动鞋　　高帮鞋

平价经典款
白色帆布鞋

帆布鞋可以说是休闲风中的经典款了,价格也不贵,购买时也不心疼。低帮的帆布鞋通勤也适用,性价比非常高。

搭配
1 **搭派克外套的
运动风女孩**

运动风的外套和胸前
包，搭配大摆长裙，打
造活泼的运动女孩！

活力四射地
出门去！

搭配
2 **搭职业装和衬衫时，
休闲风的小白鞋中和
衣服的严肃感**

精致干练的职业装，贴
身剪裁的九分裤，经典
的职场穿搭。搭配一双
小白鞋，有一种打破常
规的惊喜感。

今天要
开会

约会去

搭配
3 **彩色系的连衣裙和
白色很搭哦**

经典的紫色连衣裙，
全身统一色调，脚上
踩一双清爽干净的小
白鞋，青春洋溢。

了解自己的身体，
找到适合自己的穿搭思路

骨骼诊断是指通过了解自己身体的骨骼、肌肉、脂肪等生长情况，从而判断自己的体型，找到适合自己的穿搭方式。大部分人的骨骼情况分为三类——直线型、自然型、曲线型。根据自己的骨骼情况选择穿搭，利用服装来弥补自己身材的缺陷，找到真正适合自己的服装。

你有以下这些烦恼吗?

- 不知道什么样的衣服才是适合自己的
- 穿衣服很容易显胖
- 对自己的身材有自卑感
- 穿什么都觉得很普通

快来试试
骨骼诊断

通过骨骼测试，找到适合自己的衣服吧!

骨骼自测法

以下三类中，哪一类的特点与你自身的情况更接近，哪一类就是你的骨骼类型。

	直线型	自然型	曲线型
整体感受	□体态轻盈，有活力	□大骨架，健美的身材	□身材高挑、苗条
肤况	□皮肤水润、有弹性	□皮肤干燥，青筋突出	□皮肤柔软、富有弹性，胶原蛋白饱满
脖子	□短粗	□脖颈偏长，脖子上的青筋明显	□脖颈纤长
锁骨	□短小不明显	□锁骨粗长且明显	□锁骨细长
肩膀	□窄肩且肩线圆润	□宽肩，侧面看厚实	□柔和的肩线弧度
胸高	□位置高	□标准位置	□位置低
臀线	□臀线高且臀部丰满、圆润	□臀部扁平，长时间保持坐姿会产生不适感	□臀线较低，下半身较上半身宽大
腰线	□高腰线，长腿	□腰线高且腰粗	□腰线较低，上半身更瘦
手脚大小	□手脚薄且小	□大手大脚	□标准大小

★如果无法自行准确判断身体特征，请前往相关专业机构进行骨骼测试。

三种骨骼类型的不同特点

直线型

身材略圆润，凹凸有致

直线型身材适合经典的简洁穿搭，有高级感的服装更适合她们。

推荐搭配

贴身剪裁的衣服
V 领衫
衬衫
西服套装
基础款夹克衫
紧身裙
直筒裤

自然型

身材圆润健美

自然型身材圆润，有一定肉感，身体曲线不明显，富有女性韵味。

推荐搭配

不对称剪裁的衣服
长款上衣
宽松剪裁
高领衫
蝙蝠袖
工装裤
长裙
宽版围巾或丝巾

曲线型

性感柔美的曲线型身材

曲线型身材适合柔软飘逸的衣服及凸显女性特质的搭配。

推荐搭配

剪裁曲线明显的衣服
凸显身材曲线的衣服
圆领衫
针织连衣裙
雪纺衬衫
A 字裙
紧身裤

可以突出直线型身材的优势——西服外套。

休闲通勤装

直线型身材较为适合的穿搭

01 西服外套

对于上半身略显粗壮的直线型身材人士，西服外套简直是修饰身材的救星！

02 经典版型衬衫（条纹款）●

直线型身材还可以试试条纹款的衬衫。

03 西服裙 ○

直线剪裁的西服裙可以很好地修饰丰腴的下半身。

04 皮质托特包 ●

棕色皮面和蓝白丝搭配在一起给人一种温柔的感觉。

要点
可以加一条丝巾做装饰，还可以绕在包包上或当做发带，这样显得整体氛围活泼、不沉闷。

要点
如果服装比较正式的话，更适合搭配一双亮闪闪的鞋子。

经典的蕾丝裙，淑女又精致，下班后参加聚会或者公司聚餐也没问题！

直线型身材

休闲通勤装

要点

颈链太短的话会显得脖颈较短，而长款项链则有拉长脖子的效果。

01 羊毛西服领大衣

经典的版型加上羊毛混纺的材质，上身显得较为纤细。

02 柔软的 V 领毛衣

直线型身材非常适合简洁的 V 领毛衣，可以更好地修饰上半身。

03 蕾丝裙

精致的蕾丝裙显得成熟、有魅力，可以很好地修饰腿部线条，增添女性魅力。

04 仿鳄鱼皮包包

仿鳄鱼皮的纹路的手拿包成熟高贵，和这身职业穿搭再合适不过了。

要点

穿双漂亮的鞋子，露出美丽的大长腿吧！

自然型身材

可以突出自然型身材的就是宽松款穿搭!

休闲通勤装

要点

鞋子和包包都是茶色系,耳饰也是当季流行色。

01 双排扣西服

西服很好地修饰了自然型身材偏宽的缺点,突出了精致女性的气质。

02 棉线 V 领毛衣

落肩袖的设计让肩膀线条看起来更加柔美。

03 蕾丝内搭

自然型身材并不适合穿 V 领,所以在毛衣里面搭配了一件蕾丝内搭,花纹刚好遮住了胸口的部分。

04 高腰系带阔腿裤

自然型身材的人比较容易显腰粗,而棋盘格的花纹可以在视觉上起到纵向拉伸的作用,避免了这个问题。

要点

干练的乐福鞋和宽松的衣着相得益彰。

114

自然型身材在选择衣服的时候要注意选择质地
偏厚、版型宽松的衣服，这样才可以扬长避短，
显得身材较好。

自然型身材

休闲通勤装

01 粗线毛衣 ●
这种毛衣质地厚实，其简洁的设计非
常适合自然型身材。为了勾勒身体曲
线，颜色则选了有成熟韵味的棕色。

02 锥形长裙 ●
厚实的长裙，合适的版型，在视觉上拉
伸了身材曲线，颜色和上衣属同一色系。

03 两用长披肩 ●
披肩的花纹是秋冬经典的棋盘格，给
整体造型增添了一丝时尚感。

04 水滴形耳坠 ○
大号水滴形耳坠非常亮眼，通勤或聚
会都可以戴，款式和大小可以很好地
修饰脸型。

要点
自然型身材非常适合棋盘格，
不要犹豫，入手吧！

要点
包包和靴子选的都是有
光泽的漆皮。

曲线型身材

推荐曲线型身材试试加法叠穿，可以让扁平的身形显得圆润、富有魅力。

休闲通勤装

01 蕾丝套头衫
曲线型身材肩颈处比较扁平，所以更适合胸前有装饰的设计，比如蕾丝或者褶皱的设计都可以增添华丽感。

02 条纹两穿长款开衫
条纹这种上身显瘦的设计真是太好了！这款开衫不论是系上当连衣裙穿，还是敞开当开衫穿都很好看。

03 棋盘格长裙
曲线型身材适合这种大摆裙了，A字版型的裙子恰好遮住了下半身的缺点。

04 珍珠耳坠
曲线型身材适合垂感好或是圆形设计的饰品，耳坠和长款的衣服搭配在一起也十分和谐。

要点
要是想凸显身材曲线，还可以用腰带修饰腰线。

要点
波浪形项链和圆头鞋保证了整体搭配的平衡。

曲线型身材

休闲通勤装

曲线型身材适合成熟女人风，简单的设计中，那一抹女人味是亮点。

01 素色大衣 ●
曲线型身材非常适合穿长款大衣，偏成熟的版型通勤穿也很合适。

02 圆领开衫 ●
开衫选择薄款且下摆和袖口较为宽松的设计，这些都是适合曲线型身材的元素。

03 立领套头衫 ○
曲线型身材不太适合正面挺括的版型、没什么修饰的衣服，若搭配立领套头衫刚好可以弥补这一缺点。

04 大摆裙 ●
大摆裙可以显得下半身较瘦，裙摆随着步伐飘逸摇曳十分有女人味。

要点
配饰选择了鲜艳的红色，生活就是要热闹起来呀！

要点
曲线型身材看上去容易显得腿短，可以试试高跟鞋拉长腿部线条。

后记

开设社交账号的契机源自一位多年好友的建议，她一直自称是我的插画迷，每当我画了什么，她都会夸奖我的画，和我分享感想，给予我积极的反馈。可以说，如果没有她，就不会有 yopipi 账号的成长，即使注册了账号，我也很可能无法坚持做下去。

从我分享穿搭插图以来收到过许多粉丝的友好反馈，大家会夸我画得好，喜欢我的画，喜欢我的穿搭，也会参考我分享的穿搭去准备约会衣服，等等。每当看到大家的留言和私信，我真的喜不自胜、倍受鼓舞，会更加认真地描绘笔下的形象。

丈夫对我的工作也十分支持。因为工作而无暇顾及家务和孩子时，他会主动帮我分担家务。他用实际行动支持我去做喜欢的事，实现自我价值，对此我深表感谢。

就这样，在大家温暖的守护下，我终于出版了我的第一本书。在此，我要对每一位支持我的朋友表达诚挚的谢意。

我还要感谢我的编辑——日本文艺出版社的藤井茜，如果没有她，这本书就不会出版。

藤井编辑以饱满的热情投入本书编写的过程中，帮助我尽可能地充实内容，认真聆听我的各种想法，始终温柔地支持着我。正是她的活力与热情，给予了我完成本书的力量。对于藤井编辑为本书付出的热情与真诚，我深表感激。

还要感谢在有限的时间内仍旧出色完成了本书设计的石垣由梨，是你让我的画能在如此优秀的书上呈现出来。

祝福每一位翻开这本书的朋友都可以尽情享受时尚，活力满满地迎接每一天！

yopipi

2020 年 10 月